“十三五”国家重点出版物出版规划项目

软物质前沿科学丛书

纳米机器

——基础与应用

Nanomachines: Fundamentals and Applications

〔美〕 Joseph Wang 著

王 威 译

科 学 出 版 社
龍 門 書 局

北 京

图字：01-2018-8369

内 容 简 介

本书的英文原版出版于2013年，作者是美国加州大学圣地亚哥分校的知名学者Joseph Wang教授。本书共7章，第1章讲述纳米尺度运动的基本特征及挑战，第2章讨论生物纳米机器，第3章概述分子和DNA机器，第4章讨论利用化学催化驱动的纳米机器，第5章讨论无需燃料驱动的纳米机器，第6章介绍微纳米机器在不同领域的潜在应用，包括药物输送、样品分离、环境监测等，最后第7章讨论本领域未来的发展前景、机遇和挑战。

本书对于微纳米机器领域的科研人员、研究生是一本很有价值的参考书，能够帮助大家形成清晰的研究大局观，并掌握扎实的基础知识和研究进展。除此之外，本书还适合对纳米技术的前沿科学问题与应用感兴趣的研究生、高年级本科生及同等知识水平读者。

图书在版编目(CIP)数据

纳米机器：基础与应用/(美) 约瑟夫・王(Joseph Wang)著；王威译. —北京：龙门书局，2019.1

(软物质前沿科学丛书)

书名原文：Nanomachines: Fundamentals and Applications

“十三五”国家重点出版物出版规划项目　国家出版基金项目

ISBN 978-7-5088-5528-8

Ⅰ. ①纳…　Ⅱ. ①约…　②王…　Ⅲ. ①纳米技术　Ⅳ. ①TB383

中国版本图书馆CIP数据核字(2019) 第008267号

责任编辑：钱　俊　陈艳峰／责任校对：杨　然
责任印制：吴兆东／封面设计：无极书装

科学出版社出版
北京东黄城根北街16号
邮政编码：100717
http://www.sciencep.com

北京虎彩文化传播有限公司印刷

科学出版社发行　各地新华书店经销

*

2019年1月第 一 版　开本：720 × 1000 1/16
2022年4月第四次印刷　印张：12 1/4
字数：220 000

定价：98.00元

(如有印装质量问题，我社负责调换)

丛 书 序

社会文明的进步、历史的断代，通常以人类掌握的技术工具材料来刻画，如远古的石器时代、商周的青铜器时代、在冶炼青铜的基础上逐渐掌握了冶炼铁的技术之后的铁器时代，这些时代的名称反映了人类最初学会使用的主要是硬物质. 同样，20 世纪的物理学家一开始也是致力于研究硬物质，像金属、半导体以及陶瓷，掌握这些材料使大规模集成电路技术成为可能，并开创了信息时代. 进入 21 世纪，人们自然要问，什么材料代表当今时代的特征？什么是物理学最有发展前途的新研究领域？

1991 年诺贝尔物理学奖得主德热纳最先给出回答：这个领域就是其得奖演讲的题目 ——“软物质”. 以《欧洲物理杂志》B 分册的划分，它也被称为软凝聚态物质，所辖学科依次为液晶、聚合物、双亲分子、生物膜、胶体、黏胶及颗粒等.

2004 年，以 1977 年诺贝尔物理学奖得主、固体物理学家 P.W. 安德森为首的 80 余位著名物理学家曾以 “关联物质新领域” 为题召开研讨会，将凝聚态物理分为硬物质物理与软物质物理，认为软物质 (包括生物体系) 面临新的问题和挑战，需要发展新的物理学.

2005 年，*Science* 提出了 125 个世界性科学前沿问题，其中 13 个直接与软物质交叉学科有关. “自组织的发展程度” 更是被列入前 25 个最重要的世界性课题中的第 18 位，“玻璃化转变和玻璃的本质” 也被认为是最具有挑战性的基础物理问题以及当今凝聚态物理的一个重大研究前沿.

进入新世纪，软物质在国外受到高度重视，如 2015 年，爱丁堡大学软物质领域学者 Michael Cates 教授被选为剑桥大学卢卡斯讲座教授. 大家知道，这个讲座是时代研究热门领域的方向标，牛顿、霍金都任过这个最著名的卢卡斯讲座教授. 发达国家多数大学的物理系和研究机构已纷纷建立软物质物理的研究方向.

虽然在软物质研究的早期历史上，享誉世界的大科学家如爱因斯坦、朗缪尔、弗洛里等都做出过开创性贡献，荣获诺贝尔物理奖或化学奖. 但软物质物理学发展更为迅猛还是自德热纳 1991 年正式命名 “软物质” 以来，软物质物理不仅大大拓展了物理学的研究对象，还对物理学基础研究尤其是与非平衡现象 (如生命现象) 密切相关的物理学提出了重大挑战. 软物质泛指处于固体和理想流体之间的复杂的凝聚态物质，主要共同点是其基本单元之间的相互作用比较弱 (约为室温热能量级)，因而易受温度影响，熵效应显著，且易形成有序结构. 因此具有显著热波动、多个亚稳状态、介观尺度自组装结构、熵驱动的顺序无序相变、宏观的灵活性等特征. 简单地说，这些体系都体现了“小刺激，大反应”和强非线性的特性. 这些特性并非仅仅由纳观组织或原子或分子的水平结构决定，更多是由介观多级自组装结构决定. 处于这种状态的常见物质体系包括胶体、液晶、高分子及超分子、泡沫、乳液、凝胶、颗粒物质、玻璃、生物体系等. 软物质不仅广泛存在于自然界，而且由于其丰富、奇特的物理学性质，在人类的生活和生产活动中也得到广泛应用，常见的有液晶、柔性电子、塑料、橡胶、颜料、墨水、牙膏、清洁剂、护肤品、食品添加剂等. 由于其巨大的实用性以及迷人的物理性质，软物质自 19 世纪中后期进入科学家视野以来，就不断吸引着来自物理、化学、力学、生物学、材料科学、医学、数学等不同学科领域的大批研究者. 近二十年来更是快速发展成为一个高度交叉的庞大的研究方向，在基础科学和实际应用方面都有重大意义.

为推动我国软物质研究，为国民经济做出应有贡献，在国家自然科学基金委员会中国科学院学科发展战略研究合作项目 “软凝聚态物理学的若干前沿问题” (2013.7~2015.6) 资助下，本丛书主编组织了我国高校与研究院所上百位分布在数学、物理、化学、生命科学、力学等领域的长期从事软物质研究的科技工作者，参与本项目的研究工作. 在充分调研的基础上，通过多次召开软物质科研论坛与研讨会，完成了一份 80 万字研究报告，全面系统地展现了软凝聚态物理学的发展历史、国内外研究现状，凝练出该交叉学科的重要研究方向，为我国科技管理部门部署软物质物理研究提供一份既翔实又前瞻的路线图.

作为战略报告的推广成果，参加本项目的部分专家在《物理学报》出版了软凝聚态物理学术专辑，共计 30 篇综述. 同时，本项目还受到科学出版社关注，双方达成了 “软物质前沿科学丛书” 的出版计划. 这将是国内第一套系统总结该领域理论、实验和方法的专业丛书，对从事相关领域的研究人员将起到重要参考作用. 因此，我们与科学出版社商讨了合作事项，成立了丛书编委会，并对丛书做了初步规划. 编委会邀请了 30 多位不同背景的软物质领域的国内外专家共同完成这一系列专著. 这套丛书将为读者提供软物质研究从基础到前沿的各个领域的最新进展，涵盖软物质研究的主要方面，包括理论建模、先进的探测和加工技术等.

由于我们对于软物质这一发展中的交叉科学的了解不很全面，不可能做到计划的 “一劳永逸”，而且缺乏组织出版一个进行时学科的丛书的实践经验，为此，我们要特别感谢科学出版社钱俊编辑，他跟踪了我们咨询项目启动到完成的全过程，并参与本丛书的策划.

我们欢迎更多相关同行撰写著作加入本丛书，为推动软物质科学在国内的发展做出贡献.

主　编　　欧阳钟灿

执行主编　　刘向阳

2017 年 8 月

中文版序言

自然界中高效的生物马达是经过亿万年的进化而出现的，并且在许多生物过程和细胞活动中有广泛的用途。不论宏观生命体还是微观生物，都离不开这些微小的生物马达孜孜不倦的运动。最近十五年来，受这些精妙的微纳生物马达的启发，并受益于纳米技术的突飞猛进，科学家付出了巨大的心力，设计出许多种人工合成的微纳米马达。它们能够在微纳米尺度将各种形式的能量转换为运动，也因此蕴含着巨大的挑战和机遇。近年来，我们已经在微纳米机器的驱动、控制、功能化和多样化等方面取得了长足的进步，而对微纳米机器的研究也已经成长为一个具有广阔应用前景的激动人心的领域。随着学术界和社会大众对纳米机器的兴趣不断攀升，纳米机器领域在可预见的未来将获得飞速的发展，为许多领域带来深刻的变革，并大大改善我们的生活质量。

来自中国的科学家在纳米机器领域做出了许多卓越的贡献，制备了利用多种方式驱动、能够执行多种任务的微纳米机器。借此机会，我想感谢我的中国同事和合作者们——包括我的实验室里许多中国学生和访问学者，感谢他们的奇思妙想和丰硕的成果。我衷心希望全世界课题组能够团结协作，将微纳米机器 (微纳米马达) 领域的研究推向新的高度。最后，我要特别感谢哈尔滨工业大学 (深圳) 的王威教授，谢谢他为将英文版《纳米机器》一书翻译为中文所做的努力。

Joseph Wang

2018 年 5 月，于美国圣地亚哥

Preface

Nature has created efficient biomotors through millions of years of evolution and uses them in numerous biological processes and cellular activities. The movement of these tiny biomotors is essential for life in the macroscopic and nanoscopic scales. Inspired by the sophistication of nature biomotors and driven by recent nanotechnological advances, tremendous efforts over the past 15 years have been devoted to the design of efficient synthetic micro/nanoscale motors that convert diverse energies into movement. Designing and powering new synthetic nano/micro scale motors represent a major challenge and opportunity. Recent development have led to major advances in the power, motion control, functionality and versatility of these tiny machines. Nanomachines is an exciting research field which offers considerable potential for a wide range of applications. The tremendous interest in this topic indicates that nanomachines will advance rapidly in the near and foreseeable future. These advances are expected to have profound impact upon numerous fields and to bring new benefits to our quality of life.

Researchers in China have made tremendous pioneering contributions to the field of nanomachines that led to powerful devices propelled by different mechanisms and performing diverse tasks. I would like to thank all my Chinese colleagues and collaborators - including numerous Chinese students and visitors to my laboratories - for their impressive innovative ideas and remarkable achievements. I hope that such close collaboration between research groups around the world will move the field of micromotors to the next level. Special thanks to Professor Wei Wang from Shenzhen for his great effort towards realizing this wonderful new Chinese version of my *Nanomachines* book.

Joseph Wang

San Diego, USA

May 2018

译 者 序

什么是纳米机器 (nanomachines)?

这四个字常常让人与科幻小说或者科幻电影联系到一起。读者的脑海中可能会浮现出在血管中穿梭的小小机器人，有几个尖利的爪子，躲避着红细胞、白细胞，或者喷出药物，或者切割钻削，为守护健康而奔波；或者会联想到科幻电影中用于修复星际战舰船体的纳米机器人，在没有硝烟和声音的战场上，把破损的结构拆除、分解、修复。一想到这些场景，年轻的孩子们可能会兴奋憧憬，而年长的人们则往往会半信半疑甚至嗤之以鼻。1 纳米 (nanometer) 是 1 米的十亿分之一，这些比头发丝 (大约粗 5 万纳米，或者说 50 微米) 还细得多的纳米机器人似乎威力无穷但又遥不可及，近几十年来常常被人提起，却又好像从未真正出现过。

或许纳米机器终究只是科学家和科幻圈的一场小众狂欢?

这样的质疑和悲观似乎十分有道理。自 20 世纪五六十年代以来，在科技发展的大多数时间里，对纳米机器的研发都处于憧憬和梦想之中。纳米尺度的物体运动要克服太多的艰辛险阻。比如，物体越小，受到空气、水分子的不规则撞击影响就越大。这种被称为 “布朗运动” 的效应在宏观上几乎无法察觉，但在微观上会让物体的运动变得十分无规则。而当物体越来越小，我们就需要克服越来越明显的布朗运动，也就越来越难以精确控制它的运动方向和速度。因此，在纳米尺度，几乎所有的定向运动都会让位于相比起来巨大的环境扰动。

此外，目前 (2018 年) 最精密的机械加工精度大约是 10 纳米，这也是英特尔等芯片厂商通过数十年的不断努力所取得的惊人成绩。然而这样的精度或许仍不足以制造我们所需的精密部件，来组装成满足我们需要的纳米机器人，让其有手有脚有脑有天线等。而即便我们的加工精度达到了要求，如何在纳米尺度上用极其微小的镊子将这些比头发丝还小一万倍的零件一个个组装起来，更是技术上令人咋舌、甚至无法逾越的高峰。

另外，即便我们想出了办法克服布朗运动的干扰，也开发出了非常精密的技术以生产、组装纳米尺度的机器，我们仍然需要考虑这样的机器如何运作，能量从哪里来，其信号如何传输等问题。在宏观尺度，惯性的作用很强大，因而宏观世界的生物 (例如我们) 可以通过简单的扇动手臂或者身体摇摆就能够顺畅地运动起来

(想象一下游泳的姿势)。但这样的“往复式”运动 (reciprocal motion) 在微观世界则举步维艰。这一困境被科学家称为“扇贝定理”(书中详述)，因而需要开发新的方式以利用环境能源驱动微纳米物体运动。

这样看来，纳米机器的确仿佛是遥不可及、甚至不可能完成的任务。但巨大的挑战也孕育着巨大的回报。纳米机器人在生物、医药、环境、军事、航天等多个国计民生重大领域有巨大的潜在用途，或许能够让世界产生我们做梦都无法想象的变革，因而吸引着一批批科技工作者前赴后继投身这个领域。

科技发展日新月异，今天的我们已经拥有远胜于五十年前的知识和技术水平。纳米机器的合成、制备与开发已经逐渐变得可能。此外，自然界早已充满了各式纳米机器。例如，本书中我们会看到细胞内的输运蛋白如何克服布朗运动，在轨道上来来回回运输巨大的货物，也会看到 ATP 合成酶如何精巧地旋转一圈为细胞生产出所需的食物 ATP，还会看到大肠杆菌、精子细胞、草履虫等如何八仙过海各显神通，在恶劣的环境中游荡并找到食物。这些精巧卓绝的生物纳米机器让人惊叹，也为我们设计纳米机器提供了最宝贵的经验。

在来自世界各地 (包括中国) 的科研人员的不懈努力下，近二十年来已经在国际范围内掀起了微纳米机器研究的新的热潮。自 21 世纪初以来，人们合成出了许许多多不同种类的微纳米材料，并通过化学能、电能、磁能、光能、声能、热能等各种方式，让这些颗粒状材料在微纳米尺度游动起来。人们发表了数以千计的论文、专利、学术报告，来讨论这些材料的合成、驱动机理、相互作用机理，并结合理论和数值模拟，对实验中观察到的现象进行缜密而全面的分析。此外，一大批科学工作者和工程师们通过精心设计，已成功将这些微纳米机器用于生物探测、智能载药、可控药物释放、血栓清除、杀死肿瘤细胞、环境污染物监测、环境治理、微纳米组装等多个领域。这样看来，说纳米机器遥不可及又过于悲观了。

特别需要指出的是，虽然纳米机器人有许多潜在的应用，社会大众也对这方面的研究十分关注 (参见文末的新闻稿)，但纳米机器人的研究不仅仅是应用研究，也不仅仅涉及工程领域。事实上，这是一个高度学科交叉的研究领域，涉及物理、化学、材料、生物等多个学科的基础科学研究。例如，微纳米机器的制备往往不能依靠机械加工手段 (即便是精密的微纳加工技术)，而是要通过物理、化学的方法制备出具有特殊结构和功能的微纳米材料。而这些材料如何在各种实验条件和参数下，按照人们的需要作出前进、后退、旋转等运动，离不开对其电学、磁学、化学性质等方面的深入了解，以及对其周围环境中化学场、流体场、电磁场的分布的探索。

此外，“一个好汉三个帮”，纳米机器人在各种应用中想必也需要和众多同伴们相互协作。因此，它们之间的相互作用、自组装、群体行为等，也是需要仔细研究的基础科学问题。除此之外，还有众多大大小小的科学问题等着科学家们去探索，并基于这些发现，来开发出新型的纳米机器人驱动、控制、应用技术。

在纳米机器人的基础研究和应用探索领域，中国学术界近十年来取得了快速的发展，涌现出一批高水平的研究成果，获得了国际同行的广泛认可。为促进国内外交流合作，2016、2018 年国内同行们在哈尔滨工业大学深圳校区连续举办了两届全国微纳米马达会议，2017 年 8 月则由武汉理工大学牵头，在武汉成功举办了首届国际微纳米机器会议 (ICMNM)。这几次会议有力地推动了国内外本领域研究人员的相互了解与合作，并提高了国内相关研究在国际上的影响力。中国的科研人员已经成长为微纳米机器人研究中举足轻重的重要力量。

在这样的大背景下，我很高兴有机会能够参与翻译这本介绍纳米机器的前沿进展的书。本书英文版出版于 2013 年，随即在微纳米机器研究领域获得了很好的反响。本书英文版的作者是在微纳米机器领域世界知名的美国专家约瑟夫 • 王教授 (Joseph Wang，虽然姓像中国人，但他并没有华人血统，Wang 只是他很长的德语姓氏的缩写)。在这本书中，约瑟夫对纳米机器所面临的巨大挑战进行了更细致的解说，也详细介绍了目前科学界围绕着纳米机器所取得的巨大成就。其中很大一部分的工作正是来源于约瑟夫在加州大学圣地亚哥分校 (UCSD) 的课题组和他的合作者们。

本书英文版出版的 2013 年，我还在美国宾州州立大学化学系攻读博士学位，并已经在微纳米机器领域进行了五年的研究，见证了本领域较为早期的发展历程，也很熟悉约瑟夫及其团队的工作。本书出版后，爱不释手，但鉴于英文原版价格较高，只能多次前往图书馆借读，收获颇丰。2016 年我在韩国基础科学研究院 (IBS) 的软物质与活性物质研究中心进行为期一年的访问交流，恰逢当年诺贝尔化学奖颁发给了致力于纳米/分子机器研究的三位科学家 (Jean-Pierre Sauvage、J. Fraser Stoddart 和 Bernard L. Feringa)。心中激动之余，也立刻萌生了借此机会将这本书籍翻译成中文，并在国内推广传播的想法。遂与科学出版社钱俊编辑联系，并即刻开始了翻译的过程。可惜的是，自己时间精力有限；而已经动笔，又发现做到“信达雅”的翻译远比自己之前想象的难太多。但既然开始，就不能轻易放弃，于是春去秋来，在我课题组各位学生的大力帮助下，于两年后的现在终于完成翻译工作。

过去十年的求学和工作生涯中，我深深地体会到有太多非常优秀的国外原版书籍因为语言、购买渠道、价格等因素而无缘与国内的大众或者科研人员见面。而这本《纳米机器》内容详实、通俗易懂，又是科研一线的业界大师所著，不论对于国内相关领域的科研工作者、学生，还是对于感兴趣的其他读者，都是一本非常优秀的科学著作。在翻译过程中，结合我自己的理解，在忠实于原文的基础上，我对部分词句进行了删减或补充，也修正了原文中个别明显的错误。此外，本领域近年来发展迅速，优秀的工作和精彩的综述不断涌现，为避免知识断层，特在本书最后附上部分原著出版 (2013 年) 后截止目前发表的本领域综述性学术论文，相信对于本领域的研究人员和刚入门的学生是一个很好的补充。

说来也巧，我小的时候很喜欢看的一本中国科幻小说就是讲一艘火箭缩小后开到了人身体里的 (书名已经不记得了)，后来读博士的时候恰巧导师 Thomas Mallouk 教授有一个与微纳米机器相关的课题，我就非常兴奋地加入了这一研究中。自 2008 年从事博士生研究以来，我已经在本领域摸爬滚打十整年，发表了一些小小的工作，也有幸第一时间见证了从本领域发展早期至今许多重大工作的发表，激动于本领域层出不穷的新鲜思路和精妙成果，并为这个年轻、蓬勃的研究领域自豪。纳米机器是不是威力无穷？能不能实现我们寄予厚望的各种奇妙的功能？我们现在还不得而知。但几乎每一天都会看到相关研究取得了有趣和有意义的进展，相关的新闻报道也屡见不鲜。我衷心希望微纳米机器的研究能够走向更广阔的天地，得到中国社会大众的关注和支持，并吸引更多的老师、同学们投身这方面的研究。

在本书完稿之际，我想特别感谢为本次翻译顺利完成做出了重要贡献的人。首先，要特别感谢周超、李泽珩、白兰君、王欣择、孙梅、徐江琼、张亮亮、吕军杰、肖祖耀、周冰玉、陈曦、王启璋、杨舟、吕相龙等我课题组的博士生、硕士生同学们 (排名不分先后)。他们在工作和课业之余，不辞辛苦，细致地协助我进行翻译、校订、整理工作。没有他们的辛勤工作和大力支持，本书是无法完成的。我也格外希望本书能够帮助到像他们一样的微纳米机器领域的同学们。此外，我非常感谢国家出版基金和科学出版社的大力支持，以及出版社钱俊编辑等工作人员的努力工作。最后，要感谢我的妻子周雅惠、父母和其他亲朋好友、同事们对我工作和生活的支持和帮助。

谨以此书，献给所有怀有微纳米机器梦想的大朋友、小朋友，以及为让这一梦想走到现实而日夜奋战的同行们。也对帮助我走上这一奇妙旅程的美国宾州州立大学授业恩师 Thomas Mallouk 教授、Ayusman Sen 教授、Darrell Velegol 教授、汪洋师姐、段文涛师弟等，以及哈尔滨工业大学的顾大明教授、郝素娥教授等大学、中学老师们表达真诚的敬意和感谢! 感谢国家自然科学基金 (11774075、11402069)、广东省自然科学杰出青年基金项目 (2017B030306005)，及深圳市科创委 (JCYJ20170307150031119、KQCX20140521144102503) 的资助。

最后，附上一段网络媒体 2013 年对于微纳米机器人的描述。这不仅告诉我们社会大众对于纳米机器人的期待有多么高，也提醒各位科研人员我们的研究仍然任重而道远。

“将来某一天，一名脑血栓病人躺在医院手术室中等待接受危险的脑血栓移除手术，然而，为他做手术的并不是穿着白大褂的医生，而是两百万个肉眼看不见的‘纳米机器人’! 它们被装在一个透明的玻璃瓶中，当医生将装有纳米机器人的液体注入患者血管后，这些‘纳米机器医生’开始游向患者脑部，然后分工合作为患者做手术。

一些纳米机器人会从事导航任务；一些纳米机器人会从事信号传递任务，以便让手术室中的外科医生能从电子屏幕上监控手术情况；一些纳米机器人负责用‘纳米镊子’夹住血栓，让另一些纳米机器人用‘纳米手术刀’将血栓切成无数小块然后运走；最后一批纳米机器人则给患者大脑中的受伤组织直接上药，好让这些手术伤口能尽快痊愈。整个手术耗时不到半小时，当手术成功结束后，所有纳米机器人都会在患者的血管中进入‘休眠’状态，等待从他的身体中排泄出去。” 来源:《“纳米机器医生” 即将进入人体做手术》，链接: http://news.163.com/13/1118/03/9DUD8NS700014Q4P.html

王 威

2018 年 10 月，于深圳西丽大学城

原书前言

合成能够将能量转化为运动和力的纳米机器，是纳米技术最神奇的课题之一。纳米尺度的物体在液体环境中的运动对于基础研究和实际应用来说都十分有意义，也因此吸引了大量研究人员的目光。当前，世界各地的研究小组正在努力设计一种纳米机器，使其能够模仿生物马达执行运送诊疗药物、组装纳米结构及合成纳米结构和器件等艰巨的任务。

自 20 世纪 50 年代末和 60 年代以来，许许多多的研究人员就梦想着制作纳米级的马达了。诺贝尔物理学奖获得者理查德 · 费曼在美国物理学会 1959 年的年会报告《在底部大有可为》(*There is plenty of room at the bottom*) 中首次提出 “分子级纳米机器” 这个概念。而自 1966 年电影《神奇旅程》(*Fantastic Voyage*) 以来，可以执行复杂手术的微型机器一直是科幻小说的重要组成部分。在这部电影中，医务人员登上被缩小了的微型潜艇中，进入到一个受伤的外交官的血液内，挽救了他的生命。

当前，全球众多的科研人员正在努力回应《神奇旅程》中呈现的愿景和挑战。完成这一任务，需要设计新型功能化的微纳米马达，使用不同的驱动机制，并使用先进的方式引导它们到达目的地。

不论在纳米还是宏观尺度，运动对生命都至关重要。例如，动物能够快速地逃离危险，而蛋白纳米马达能够将 “货物” 沿着细胞内微管束轨道运输。这些微小的生物马达的定向运动和速度控制技术先进，其运动能力令人惊叹。生物纳米发动机的工作十分复杂，这也为科学家和工程师设计更先进的人造纳米/微米机器带来了启发，帮助他们解决将自然界游动的机制转换为人造的微纳米游体的难题。通过对大自然非凡生物马达的基本规律的理解，研究人员们对于如何制备更复杂的人造纳米机器也有了更多的认识；并从自然界，特别是微生物中获取了灵感，模仿这些天然游体 (swimmer) 和分子生物马达，制备出了人造的纳米/微米运动颗粒。虽然我们在该领域的研究仍处于起步阶段，过去的十年间科学和技术的快速进步已经为解决本领域一些重要的挑战带来了许多重要的进展，包括将传统的机械设计缩小至纳米/微米尺度，以及为这些微小的机器提供能量等。

人工合成的纳米机器能够满足未来技术和生物医学的需求，在许多领域有着广阔的应用前景，充满了无限的可能性。人造纳米级和微米级机器可以如活细胞中的纳米马达一般传输分子，或者将质子跨细胞膜运输，以促进化学反应。近来，在自发运动的人造纳米/微尺度机器领域，研究人员已经在供能、能效、导向、运动控制、功能化以及多样性等方面取得了一系列重要的进展。纳米/微米级机械有广阔的应用前景，能够进行多样的操作，执行重要的任务，例如定向药物输运、核酸和蛋白质的生物监测、细胞分离、微斑图、纳米手术、探索危险环境、微纳操控等。因此，这一激动人心的研究领域必将为不同的应用领域做出重要的贡献，通过强大的微纳米机器带来目前无法实现的新功能，并显著提高我们的生活质量。

通过本书，我希望能够描绘一幅纳米/微米机器领域最新进展的真实图景，并促进该领域的发展。本书适用于研究生层次的纳米机器课程，或者作为高年级本科生的纳米工程、纳米科学与技术课程的补充教材。本书对于那些有意向在纳米生物技术、纳米医药和纳米工程学领域开展纳米马达研究的科研人员也是一本极有价值的参考书。鉴于本领域多学科交叉的性质，我试图将本书写成一本自给自足的零起点教材，以方便感兴趣的学生、科研人员及工程技术人员使用。

本书分为 7 章。第 1 章讲述纳米尺度运动的基本特征及挑战；第 2 章讨论生物纳米游体 (nanoswimmer)；第 3 章概述分子和 DNA 机器；第 4 章讨论利用化学催化产生动力的纳米马达；第 5 章讨论无燃料外部驱动 (磁、电、超声波驱动) 的纳米马达；第 6 章重点介绍纳米/微米机器在不同领域的潜在应用，包括药物输送、样品的分离等；最后，在第 7 章我将讨论本领域未来的发展前景、机遇和挑战。

我希望这本书的内容对你有用，也期待本书能够启发本领域的研究，并带来激动人心的新进展。

最后，我要感谢我的好妻子 Ruth，感谢她对我的耐心、爱和支持。我要感谢高伟、On Shun Pak、Allen Pei 和 UCSD 纳米马达团队的其他成员提供的帮助。我要感谢 Wiley-VCH 出版社的编辑和出版团队的支持和帮助。我更要感谢全球众多的科学家和工程师，他们的工作带来了本书中描述的《神奇旅程》一般非凡的成就。谢谢大家！

Joseph Wang

2013 年 1 月，于美国圣地亚哥

目　　录

第1章　基础知识：小尺度下的驱动

1.1　引　　言

研究天然与人工合成的微纳米物体的运动具有很大的基础与应用意义，因而激发了科研人员广泛的研究热情。利用微纳米机器来实现各类机械功能已经成为了一个激动人心的研究领域。通过数百万年的进化，自然界产生了强大的纳米生物马达，这为我们设计人工纳米马达提供了灵感。然而，我们才刚刚开始学习如何合成纳米马达以模仿自然界神奇的生物马达的功能。科学家和工程师们只是在过去的十年里才开始大力推动人工合成纳米机器的发展。既要模仿生物界马达的核心功能，同时还要降低系统的复杂程度，这对我们提出了巨大的挑战。因而，人工合成能够将环境能量转化为运动和力的微纳米马达就成为了纳米技术领域最令人激动的挑战之一 (Ebbens and Howse, 2010; Fischer and Ghosh, 2011; Mallouk and Sen，2009; Mei et al., 2011; Mirkovic et al., 2010; Ozin et al., 2005; Paxton et al., 2006; Peyer et al., 2013; Pumera, 2010; Sengupta, Ibele, and Sen, 2012; Wang, 2009; Wang and Gao, 2012)。近年来微米技术和纳米技术的迅速发展，使得利用微纳加工技术制备能够在微纳米尺度驱动的器件成为可能。在此基础上，人们制备出了由外界供能、能快速运动的人工纳米马达。这类人工合成的微纳米机器性能优越，功能强大，并能够远程精确遥控，因而在众多实际应用中有广阔的前景 (Manesh and Wang, 2010; Nelson, Kaliakatsos, and Abbott, 2010; Peyer, Zhang, and Nelson, 2013; Sengupta, Ibele, and Sen, 2012; Wang and Gao, 2012)。

正如字面意思，纳米机器的尺寸极为微小，大小常常在纳米 (一纳米是十亿分之一米) 和数百纳米之间。较大一些的微型机器尺寸则在 1 至 100 微米之间 (一微米是一米的一百万分之一)，这些在微米尺度的机器会在本书的第 4~6 章中重点介绍。对于任何分子机器或者微机器来说，能够产生机械能的马达是当之无愧的核心组分。或者可以说，机器的核心就是马达。《剑桥英语词典》定义 “马达” 为 “带来运动的物体”，定义 “功” 为 “通过力产生运动或其他物理变化”，而 “运动” 的定义则是“物体随着时间变化在空间中的位置或者取向发生变化”。马达是机器最重要的组分，因为它循环往复地将化学能、电能或者热能等各类能量转化为机械能，从而为机器的运动提供必须的能源。

本书将主要讨论在微纳米尺度如何产生与控制运动，主要介绍单分子与多分子尺度的人工与天然马达，特别是通过化学驱动或者外场驱动合成微型器械。我们将讨论这些微马达的设计、驱动与操控，还将介绍它们在溶液中和工程系统中的多样的应用，以及由马达驱动的输运系统。

当尺度变小，物体所受到的布朗运动的影响就变大，相应的黏滞力和各类发生在表面的效应开始占据主导，这就使设计一个在微纳米尺度自驱动的物体变得格外困难。此外，由于传统意义上的能量来源 (例如电池等) 无法缩小到这样的微观尺度，我们因此需要开发新的策略以给微纳米设备供能并使他们运动。为了解决供能问题，人们提出了使用外界能量场，以及从周围环境中获取能量这两种思路。基于这两种思路，设计出了两种微纳米马达：第一种基于形变，并需要外界场的驱动；第二种由溶液中的燃料分子在颗粒表面发生不对称的催化分解而驱动，因而完全独立自主。微纳米马达由此可以分为两大类：外场供能的马达与化学驱动的马达。

目前，全世界范围内多个课题组正在开发功能各异的新型纳米马达。随着新技术的突破与纳米机器的功能不断增强，纳米马达研究领域势必将快速发展。微纳米马达的研究进展还将带来许多实际应用，例如靶向药物输送、微纳米手术、纳米组装与图案化、环境治理、生物探测、细胞分选等 (Mallouk and Sen, 2009; Mei et al., 2011; Mirkovic et al., 2010; Nelson, Kaliakatsos, and Abbott, 2010; Peyer, Zhang, and Nelson, 2013; Sengupta, Ibele, and Sen, 2012; Wang, 2009; Wang and Gao, 2012)。此外，电子学的发展日新月异，从 20 世纪 60 年代的口袋计算器直至今天的 iPhone。类似地，我们也会看到今天的微纳米马达快速发展为精妙的多功能纳米汽车，并能够执行复杂精密的操作，同时完成多个复杂的任务。然而在小型化方面，微纳米马达受限于纳米尺度运动的巨大挑战 (1.3 节详述)，很难像电子器件那样在过去的 50 年里遵从摩尔定律不断缩小尺寸。即便如此，我们对纳米机器令人激动的新功能与未来的无穷机遇仍信心满满。

1.2 纳米机器的发展史

早在 1930 年，人们就意识到了无惯性对于微纳尺度的自驱动意味着什么 (Ludwig, 1930)。在同一时期，暗场显微技术的发明使得观察细菌的鞭毛和纤毛成为了可能。1951 年 Taylor 撰写了一篇关于微生物运动的历史性论文，讨论了在黏性介质中如何实现合力为零的运动，并提出了一种二维膜 (two dimensional sheet) 的模型，以解释细胞通过鞭毛的行波来运动 (Taylor, 1951)。1973 年 Berg 证明了大肠杆菌利用分子马达来旋转螺旋形的鞭毛。随后螺旋形的推进成为了一个热门的研究领域。1977 年 Purcell 在他里程碑式的论文中也总结了微生物在低雷诺数环境中运动的挑战 (Purcell, 1977)。

在 1959 年美国物理学会年会上，著名物理学家理查德・费曼发表了他著名的演说《在底部大有可为》。从那时开始，科学家和科幻小说家就开始思考纳米机器了 (Feynman, 1960)。在 1966 年 Harry Kleiner 的电影《神奇旅程》(*Fantastic Voyage*) 以及 Issac Asimov 的同名小说中，一队科学家登上了缩小到了微米尺度的潜水艇中，进入了一个受伤的外交官的血液中。虽然每次心跳所引起的血液波动都让潜艇摇晃不已，并且身体内的抗体也把潜艇当作了感染源来攻击，科学家们仍然能够操纵潜艇在血液中航行，并摧毁了危及生命的血栓，最终成功拯救了外交官的性命。然而，Feynman 的想法以及《神奇旅程》中的幻想随后无人问津，直到 80 年代中期 Eric Drexler 出版了《创造的引擎》这本书 (*Engines of Creation*)。在书中他引入了纳米技术这个概念，并对分子纳米技术和纳米机器做了大量的宣传 (Drexler, 1986)。Drexler 指出，纳米机器的最终目标是制造出 "组装者"，也就是一种能够在原子尺度操纵物质的纳米机器。

90 年代末，在 Fraser Stoddart, Ben Feringa, Vincenzo Balzani 等的先驱工作基础上，能够执行复杂功能的自驱动分子系统获得了快速发展 (Balzani et al., 2000; Koumura et al., 1999)。随着人们对生物马达的运行原理理解逐渐深刻 (参见本书第 2 章)，利用蛋白马达在微芯片系统内执行纳米尺度的输运的研究也随之展开 (Hess and Vogel, 2001; Soong et al., 2000，参见 2.2.6 节). 在 21 世纪初更是诞生了自驱动、应激响应的 DNA 纳米机器系统 (镊子、步进者、齿轮等，参见本书 3.5 节)(Chen, Wang, and Mao, 2004; Yan et al., 2002; Yurke et al., 2000)。

在过去十年间研究人员制备了通过各种方式驱动和控制方向的微纳米马达。2002 年 Whitesides 课题组首先实现了化学驱动的马达 (Ismagilov et al., 2002)，而催化型自驱动纳米线马达则诞生于 2004 至 2005 年 (Fournier-Bidoz et al., 2005; Paxton et al., 2004)。在这些前期工作的基础上，本领域的论文数量逐年攀升。2009 年研究人员首次报道了用磁场和电场驱动的人工合成微纳米颗粒 (Zhang et al., 2009a, 2009b; Chang et al., 2007; Calvo-Marzal et al., 2009)。催化驱动的双面神 (Janus) 粒子以及气泡驱动的管状微引擎则分别于 2007 年和 2008 年面世 (Howse et al., 2007; Mei et al., 2008)。在 2010 年，研究人员首次报道了利用微马达运输药物及探测周围环境 (Kagan et al., 2010a, 2010b)。2012 年出现了首例使用超声波来驱动微纳米物体的报道 (Kagan et al., 2012; Wang and Gao, 2012; Wang et al., 2012)。本领域创新的思想仍不断涌现，将作为纳米技术最激动人心的领域之一在可预见的未来对各领域作出重要的贡献。

1.3 纳米尺度驱动的挑战

如何在液体环境中驱动纳米物体是纳米技术领域面对的重大挑战之一。具体来说，我们在宏观尺度下任何时候都存在惯性力，但是在纳米尺度惯性力就变得微乎其微，因而使得纳米尺度下在液体中驱动颗粒非常困难。考虑到小尺度下液体的性质，用常规的方法在微纳米尺度制造机器并给它们供能就会遇到几个重大困难。也正因为这些难题的存在，使得制造微型人造泳体十分困难。例如，Purcell 1977 年证明了具有一扇合页的小型“扇贝”是无法通过对称地开合它的贝壳来运动的 (Purcell, 1977)。换句话说，基于时间可逆的对称性的可逆运动 (周期性的前后往复运动) 是无法让微小物体产生定向运动的，这也就是著名的 Purcell“扇贝定理”(scallop theorem)。因此，由于缺乏惯性力，采用时间可逆的动作无法滑行，微型机器就无法利用通常的机理来游动。

另一个影响液体环境中纳米物体运动的重要因素是布朗运动，其名称来源于英国植物学家罗伯特 · 布朗。布朗运动就是悬浮于液体中的微米粒子的随机 (无规律) 的运动，来源于这些粒子和周围的分子的热碰撞。这些碰撞能够改变微纳米马达粒子的运动轨迹，因而使得控制这些粒子的方向成为一个难题。布朗运动与颗粒的化学组成和密度无关，并与温度直接相关，因而无法根除。布朗运动能够用物体

在宏观上的扩散系数 D 来表征。一维 (x 方向) 纯布朗运动的颗粒其扩散随时间 t 的变化规律如下:

$$\langle x^2 \rangle = 2Dt \tag{1.1}$$

我们根据这个公式 (译注: 其中 $\langle x^2 \rangle$ 被称为均方位移 (mean squared displacement, 简称 MSD)) 可以估算一个布朗运动的物体的位移。

由上面的论述可以看出，与宏观颗粒不同，纳米尺度的颗粒在液体环境中定向运动需要克服两大挑战：较强的布朗运动噪声，以及可以忽略不计的惯性。我们可以通过使用雷诺数 (Reynolds number，简称 Re) 来更好地理解惯性对于纳米尺度运动的影响。雷诺数是一个无量纲数，与一个物体的尺寸、惯性力与黏滞力有关。英国工程师 Osborne Reynolds 在 1883 年提出了这个概念，雷诺数因此得名。雷诺数为物体动量和黏度的比值：

$$Re = \rho UL/\mu = UL/\nu = \text{惯性力}/\text{黏滞力} \tag{1.2}$$

其中ρ是液体的密度 ($\mathrm{kg/m^3}$)； μ 是液体的动力黏度； U 是物体相对于液体的运动速度； L 是物体的特征长度； ν 是液体的运动黏度。因此雷诺数表征的是惯性力和黏滞力的相对大小。如果雷诺数大，则惯性主导；而如果颗粒尺寸很小或者液体黏度很高，则雷诺数会变得很小，体系的流体力学特征就主要由黏滞力来决定。

正如公式 (1.2) 所示，纳米尺度的颗粒尺寸极小，因而其雷诺数也极小。其实，尺寸对运动模式的影响在进入纳米尺度之前就早已显现出来，对微观尺度的细菌来说就已经是黏性力占主导了。例如，对于在水中运动的大肠杆菌来说 ($L \sim 1-10\,\mu\mathrm{m}$; $U \sim 10\,\mu\mathrm{m/s}$; $\rho \sim 10^3\,\mathrm{kg/m^3}$)，其雷诺数约为 $10^{-5} - 10^{-4}$(图 1.1b)。因此，与大尺度的游体相反，微纳米尺度的游体受黏性力主导，惯性力则可以忽略不计。在低雷诺数下，惯性力的消失导致传统的运动方式无法带来净位移，也就无法让物体运动。由于宏观和微观尺度下运动的物理规律完全不同，因而要实现微观下可控的运输或者驱动需要采取完全不同的运动机理。因此，在无惯性环境中运动的微纳米尺度的物体需要采取和大尺度游体使用的类似扇动翅膀的时间对称运动方式完全不同的运动策略 (Purcell, 1977; Vandenberghe, Zhang, and Childress, 2004; Lauga and Powers, 2009)。

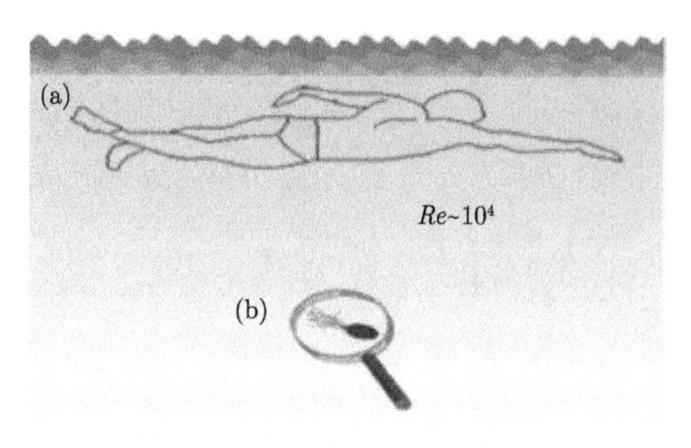

图 1.1　微纳米游体尺度极小，其雷诺数也非常小，因而需要采用和宏观世界完全不同的游动策略。当雷诺数很小的时候，即便是在水这样黏度不大的液体中，流体力学也由黏性力主导

Purcell 在他著名的演讲，以及随后于 1977 年发表的论文《低雷诺数下的生命》中提出了“扇贝定理”(Purcell, 1977)，即对于低雷诺数下的生命来说，需要非循环往复 (non-reciprocal) 的运动才能产生净位移，这就大大限定了小尺度下有效的运动方式。Purcell 的“扇贝定理”可做如下理解：如果游体形状变化的次序和反过来看的次序完全相同，即所谓的扇贝运动方式，那这样一个周期下来游体的平均位置就不会发生任何变化。也就是说，在低雷诺数下像扇贝这样开合的循环往复运动不会带来净运动。这意味着对于小尺度的游体来说时间对称性的运动方式 (即循环往复的运动) 是无法产生净运动的。更进一步的解释在 1.4 节将会讲到，在非常小的尺度，去除惯性后的流体力学方程 (即斯托克斯方程) 是线性的，与时间无关。因此，如果施加在流体上的力是时间可逆的 (往复运动)，就无法产生净运动。

Purcell 的论文的主要信息是，微小游体应该以时间不可逆的方式变形，以产生净运动 (Lauga，2011)。与宏观物体相比，想要运动的微观物体必须以非循环往复的方式随时间改变其形状，这是其独特特征。这一要求使得设计微型机器变得十分复杂。因此，微小游体需要采用不同的形状变化。为了克服低雷诺数下的黏滞阻力，纳米/微米游体必须采用非往复运动，即需要破坏时间可逆性，以此挣脱“扇贝定理”的约束。微小游体的形状变化必须遵循不对称的时间次序。这种不可逆运动对于微/纳米级物体的运动是至关重要的。Purcell 提出了两种打破“扇贝定理”的方法：旋转一个具有手性的臂，或挥动一个弹性臂 (Wiggins and Goldstein，1998)。简而言之，为了克服“扇贝定理”的限制，微生物在低雷诺数条件下采用了各种时间不对称的方法运动，这些游动方式与宏观游体使用的那些方法迥然不同。“扇贝定理”因此对低雷诺数下游泳运动的类型提出了强烈的几何约束。

Purcell 的“扇贝定理”为设计纳米/微米游体提供了基本规则，即必须通过非往复运动才能实现净位移。在图 1.2 中我们使用一种理论上的三链游体来说明这个概念 (Becker et al.，2003; Zhang，Peyer，and Nelson，2010)。在这个体系中，两个铰链提供两个自由度，而游体可以在一系列角度构象中切换。通过前后连杆的交替运动，实现非往复式角度构象转化 (如图 1.2 中的 ABCDA 所示)，使每个周期后都产生净位移。

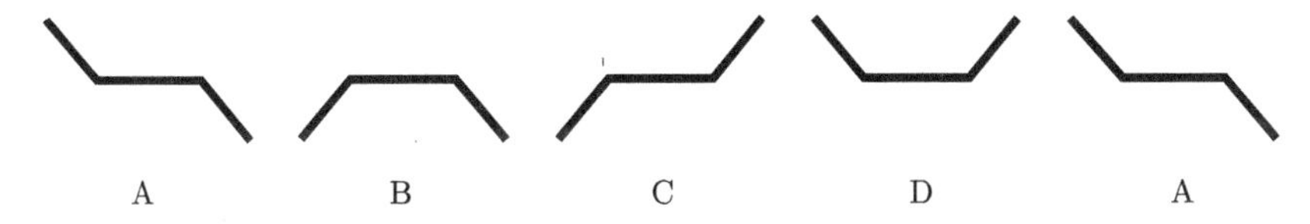

图 1.2 Purcell 提出的两铰链游体的理论模型：非往复的角度构象转化使游体在一个运动周期后产生了净位移

1.4 低雷诺数流体力学

为了讨论在低雷诺数下的游体的基本性质，并对一个生物体所受的力进行求解，有必要对其周围流体的流场$\boldsymbol{u}$和压力 p 进行求解 (Lauga and Powers，2009)。流体的流动通常由一组称为纳维–斯托克斯方程 (Navier-Stokes equation) 的非线性偏微分方程描述 (Happel and Brenner，1965)。我们将流体视为不可压缩的，使得$\boldsymbol{u}$满足连续性条件 $\nabla\cdot\boldsymbol{u}=0$。对于具有密度 ρ 和黏度 μ 的这种不可压缩的牛顿流体，其满足 Navier-Stokes 方程

$$\rho\left(\frac{\partial}{\partial t}+\boldsymbol{u}\cdot\nabla\right)\boldsymbol{u}=-\nabla p+\mu\nabla^2\boldsymbol{u},\nabla\cdot\boldsymbol{u}=0 \tag{1.3}$$

在低雷诺数流体动力学 ($Re \ll 1$) 中，与黏性项 (公式 (1.3) 右手侧) 相比，惯性项 (公式 (1.3) 的左侧) 可以被忽略，我们得到被称为斯托克斯方程的简化表达式：

$$-\nabla p+\mu\nabla^2\boldsymbol{u}=0,\nabla\cdot\boldsymbol{u}=0 \tag{1.4}$$

因此，介质的运动由方程 (1.4) 中给出的力平衡决定。低雷诺数流体也称为斯托克斯流体，在这种情况下，与黏性力相比惯性力可以忽略。虽然该方程仅对于 $Re=0$ 是精确的，但当 $Re\ll 1$ 时也可以认为该方程足够精确。

描述低雷诺数条件下流体动力学的斯托克斯方程是一个线性方程，这意味着流体的流速与所施加的力成比例，即 $\nabla p = \mu \nabla^2 \boldsymbol{u}$。由于在该方程中不存在与时间相关的项，且方程是线性的，这意味着对于完全往复的运动，物体无法获得净的向前运动 (即 "扇贝定理")。斯托克斯方程的线性和时间无关性还意味着游体行进的距离仅取决于游体的形状变化的次序，而不取决于它们发生的速率 (即速率无关性) (Lauga and Powers，2009)。斯托克斯方程因此表明在低雷诺数下的推进力大小只与推进组件的相对位置有关。作用在颗粒上的唯一显著的力是阻力，其大小和颗粒形状息息相关。

斯托克斯方程有如下几个重要的性质。(i) 线性：斯托克斯方程是线性的，意味着斯托克斯流体的响应与所受的力成正比。(ii) 瞬时性：除非与边界条件有关，否则斯托克斯流与时间无关。(iii) 时间可逆性：即时间反演的斯托克斯流与原始斯托克斯流可以用相同的方程来描述。

由于斯托克斯方程是线性的，因此在动力学 (kinetics) 和运动学 (kinematics) 之间存在线性关系。具体来说，如果固体受到外力$\boldsymbol{F}$和扭矩$\boldsymbol{\tau}$，它将以速度$\boldsymbol{U}$和旋转速率 $\boldsymbol{\Omega}$ 移动，且满足 "阻力矩阵"(或称为 "推进矩阵"，propulsion matrix)(Happel and Brenner，1981)：

$$\begin{bmatrix} \boldsymbol{F} \\ \boldsymbol{\tau} \end{bmatrix} = \begin{bmatrix} \boldsymbol{A} & \boldsymbol{B} \\ \boldsymbol{B}^{\mathrm{T}} & \boldsymbol{C} \end{bmatrix} \begin{bmatrix} \boldsymbol{U} \\ \boldsymbol{\Omega} \end{bmatrix} \tag{1.5}$$

其中 $\boldsymbol{A}, \boldsymbol{B}^{\mathrm{T}}$ 和 $\boldsymbol{C}$ 是和几何形状相关的二阶张量 (Kim and Karrila, 1991)。或者反过来：

$$\begin{bmatrix} \boldsymbol{U} \\ \boldsymbol{\Omega} \end{bmatrix} = \begin{bmatrix} \boldsymbol{M} & \boldsymbol{N} \\ \boldsymbol{N}^{\mathrm{T}} & \boldsymbol{O} \end{bmatrix} \begin{bmatrix} \boldsymbol{F} \\ \boldsymbol{\tau} \end{bmatrix} \tag{1.6}$$

其中右侧矩阵被称为 "迁移率矩阵"(mobility matrix)。由于交互定理，这些矩阵是对称的。为了计算该矩阵，需要对特定几何形状求解斯托克斯方程的解。

形状简单的物体 (例如球体) 其阻力矩阵可以得到精确的解析解。然而，对于更复杂的物体，通常采用数值方法来求解矩阵，如利用细长体理论 (Johnson，1980) 和正则化斯托克斯子的方法 (Cortez，Fauci and Medovikov，2005)。

在低雷诺数下，游体的推动力被流体摩擦阻力抵消：

$$F_{\text{推动力}} = F_{\text{阻力}} \tag{1.7}$$

例如，在无湍流存在时，在低雷诺数 ($Re < 0.1$) 水中游动的单个微球的驱动力和其运动速度成线性关系，并可以通过斯托克斯阻力公式算出 (Probstein，1994)

$$F_{阻力} = 6\pi\eta\gamma v \tag{1.8}$$

其中 η 是水的黏度；γ 和 v 分别是微球的半径和速度。该表达式可用于计算球体所受的阻力，于 1851 年由爱尔兰物理学家 George Gabriel Stokes 推导得出。很自然的，当这种微球马达尺寸增大时，其所受的流体阻力就增大，其速度与尺寸成反比，即

$$v = F_{阻力}/6\pi\eta\gamma \tag{1.9}$$

因此，如要增大运动速度，则需要提供更大的推进力或者降低阻力。对于不同形状的游体，如杆形和盘形，阻力系数的表达式则必须考虑到不同几何形状所对应的黏性阻力在不同方向上的非对称性，以及粒子取向的不断变化。具有半径 γ 的粒子的布朗扩散系数由斯托克斯–爱因斯坦方程给出

$$D = kT/6\pi\eta\gamma \tag{1.10}$$

其中 k 是玻尔兹曼常数；T 是绝对温度。斯托克斯–爱因斯坦方程表明，在特定介质中运动的粒子，其扩散与摩擦阻力成反比，并且受到周围温度的强烈影响。

参 考 文 献

Balzani, V., Credi, A., Raymo, F.M., and Stoddart, J.F. (2000) Artificial molecular machines. Angew. Chem. *Int. Ed.,* **39**, 3348–3391.

Becker, L.E., Koehler, S.A., and Stone, H.A. (2003) On self-propulsion of micro-machines at low Reynolds number: Purcell's three-link swimmer. *J. Fluid Mech.*, **490**, 15–35.

Calvo-Marzal, P., Manesh, K.M., Kagan, D., Balasubramanian, S., Cardona, M., Flechsig, G.U., Posner, J., and Wang, J. (2009) Electrochemically-triggered motion of catalytic nanomotors. *Chem. Commun.*, 4509–4511.

Chang, S.K., Paunov, V.N., Petsev, D.N., and Velev, O.D. (2007) Remotely powered self-propelling particles and micropumps based on miniature diodes. *Nat. Mater.*, **6**, 235–240.

Chen, Y., Wang, M., and Mao, C. (2004) An autonomous DNA nanomotor powered by a DNA enzyme. Angew. Chem. *Int. Ed.*, **43**, 3554–3557.

Cortez, R., Fauci, L., and Medovikov, A. (2005) The method of regularized Stokeslets in three dimensions: analysis, validation, and application to helical swimming. *Phys. Fluids*, **17**, 031504.

Drexler, K.E. (1986) *Engines of Creation: The Coming Era of Nanotechnology*, Anchor Books, New York.

Ebbens, S.J., and Howse, J.R. (2010) In pursuit of propulsion at the nanoscale. *Soft Matter*, **6**, 726–738.

Feynman, R.P. (1960) There's plenty of room at the bottom. *Eng. Sci.*, **23**, 22–23.

Fischer, P., and Ghosh, A. (2011) Magnetically actuated propulsion at low Reynolds numbers: towards nanoscale control. *Nanoscale*, **3**, 557–563.

Fournier-Bidoz, S., Arsenault, A.C., Manners, I., and Ozin, G.A. (2005) Synthetic self-propelled nanorotors. *Chem. Commun.*, **4**, 441–443.

Happel, J., and Brenner, H. (1965) *Low Reynolds Number Hydrodynamics*, Prentice-Hall, Englewood Cliffs, NJ.

Happel, J., and Brenner, H. (1981) *Low Reynolds Number Hydrodynamics*, 2nd edn, Springer.

Hess, H., and Vogel, V. (2001) Molecular shuttles based on motor proteins: active transport in synthetic environments. *Rev. Mol. Biotechnol.*, **82**, 67–85.

Howse, J.R., Jones, R.A., Ryan, A.J., Gough, T., Vafabakhsh, R., and Golestanian, R. (2007) Self-motile colloidal particles: from directed propulsion to random walk. *Phys. Rev. Lett.*, **99** (4), 048102 (4 pages).

Ismagilov, R.F., Schwartz, A., Bowden, N., and Whitesides, G.M. (2002) Autonomous movement and self-assembly. *Angew. Chem. Int. Ed.*, **41**, 652–654.

Johnson, R.E. (1980) An improved slender-body theory for Stokes flow. J. *Fluid Mech.*, **99**, 411–431.

Kagan, D., Benchimol, M.J., Claussen, J.C., Chuluun-Erdene, E., Esener, E.S., and Wang, J. (2012) Acoustic droplet vaporization and propulsion of perfluorocarbon-loaded microbullets for targeted tissue penetration and deformation. *Angew. Chem. Int. Ed.*, **124**, 7637–7640.

Kagan, D., Laocharoensuk, R., Zimmerman, M., Clawson, C., Balasubramanian, S., Kang, D., Bishop, D., Sattayasamitsathit, S., Zhang, L., and Wang, J. (2010a) Rapid delivery of drug carriers propelled and navigated by catalytic nanoshuttles. *Small*, **6**, 2741–2747.

Kagan, D., Calvo-Marzal, P., Balasubramanian, S., Sattayasamitsathit, S., Manesh, K., Flechsig, G., and Wang, J. (2010b) Chemical sensing based on catalytic nanomotors: motion-based detection of trace silver. *J. Am. Chem. Soc.*, **131**, 12082–12083.

Kim, S., and Karrila, S.J. (1991) *Microhydrodynamics: Principles and Selected Applications*, Dover, Mineola, NY.

Koumura, N., Zijlstra, R.W.J., van Delden, R.A., Harada, N., and Feringa, B.L. (1999) Light-driven monodirectional molecular rotor. *Nature*, **401**, 152–155.

Lauga, E. (2011) Life around the scallop theorem. *Soft Matter*, 7, 3060–3065.

Lauga, E., and Powers, T.R. (2009) The hydrodynamics of swimming microorganisms. *Rep. Prog. Phys.*, **72**, 96601–96637.

Ludwig, W. (1930) Zur theorie der flimmerbewegung. *Zeit. F. Vergl. Physiol.*, **13**, 397–504.

Mallouk, T.E., and Sen, A. (2009) Powering nanorobots. *Sci. Am.*, **300**, 72–77.

Manesh, K.M., and Wang, J. (2010) Motion control at the nanoscale. *Small*, **6**, 338–345.

Mei, Y., Huang, G., Solovev, A.A., Urena, E.B., Monch, I., Ding, F., Reindl, T., Fu, R.K.Y., Chu, P.K., and Schmid, O.G. (2008) Versatile approach for integrative and functionalized tubes by strain engineering of nanomembranes on polymer. *Adv. Mater.*, **20**, 4085–4090.

Mei, Y., Solovev, A.A., Sanchez, S., and Schmidt, O.G. (2011) Rolled-up nanotech on polymers: from basic perception to self-propelled catalytic microengines. *Chem. Soc. Rev.*, **40**, 2109–2119.

Mirkovic, T., Zacharia, N.S., Scholes, G.D., and Ozin, G.A. (2010) Fuel for thought: chemically powered nanomotors out-swim nature's flagellated bacteria. *ACS Nano*, **4**, 1782–1789.

Nelson, B.J., Kaliakatsos, I.K., and Abbott, J.J. (2010) Microrobots for minimally invasive medicine. *Annu. Rev. Biomed. Eng.*, **12**, 55–85.

Ozin, G.A., Manners, I., Fournier-Bidoz, S., and Arsenault, A. (2005) Dream nanomachines. *Adv. Mater.*, **17**, 3011–3018.

Paxton, W.F., Kistler, K.C., Olmeda, C.C., Sen, A., St Angelo, S.K., Cao, Y.Y., Mallouk, T.E., Lammert, P.E., and Crespi, V.H. (2004) Catalytic nanomotors: autonomous movement of striped nanorods. *J. Am. Chem. Soc.*, **126**, 13424–13431.

Paxton, W.F., Sundararajan, S., Mallouk, T.E., and Sen, A. (2006) Chemical locomotion. *Angew. Chem Int. Ed.*, **45**, 5420–5429.

Peyer, K.E., Tottori, S., Qiu, F., Zhang, L., and Nelson, B.J. (2013 XXX) Magnetic helical micromachines. *Chem. Eur. J.*, **19**, 28–38.

Peyer, K.E., Zhang, L., and Nelson, B.J. (2013) Bio-inspired magnetic swimming microrobots for biomedical applications. *Nanoscale*, **5**, 1259–1272.

Probstein, R.F. (1994) *Physicochemical Hydrodynamics, An Introduction*, 2th edn, John Wiley & Sons, Inc., New York.

Pumera, M. (2010) Electrochemically powered self-propelled electrophoretic nanosubmarines. *Nanoscale*, **2**, 1643–1649.

Purcell, E.M. (1977) Life at low Reynolds number. *Am. J. Phys.*, **45**, 3–11.

Sengupta, S., Ibele, M.E., and Sen, A. (2012) Fantastic voyage: designing self-powered nanorobots. *Angew. Chem. Int. Ed.*, **51**, 8434–8445.

Soong, R.K., Bachand, G.D., Neves, H.P., Olkhovets, A.G., Craighead, H.G., and Montemagno, C.D. (2000) Powering an inorganic nanodevice with a biomolecular motor. *Science*, **290**, 155–158.

Taylor, G.I. (1951) Analysis of the swimming of microscopic organisms. *Proc. R. Soc. Lond. Ser. A*, **209**, 447–461.

Vandenberghe, N., Zhang, J., and Childress, S. (2004) Symmetry breaking leads to forward flapping flight. *J. Fluid Mech.*, **506**, 147–155.

Wang, J. (2009) Can man-made nanomachines compete with nature biomotors? *ACS Nano*, **3**, 4–9.

Wang, W., Castro, L.A., Hoyos, M., and Mallouk, T.E. (2012) Autonomous motion of metallic micro-rods propelled by ultrasound. *ACS Nano*, **6**, 6162–6132.

Wang, J., and Gao, W. (2012) Nano/ microscale motors: biomedical opportunities and challenges. *ACS Nano*, **6**, 5745–5751.

Wiggins, C.H., and Goldstein, R.E. (1998) Flexive and propulsive dynamics of elastic a at low Reynolds number. *Phys. Rev. Lett.*, **80**, 3879-3882.

Yan, H., Zhang, X., Shen, Z., and Seeman, N.D. (2002) A robust DNA mechanical device controlled by hybridization topology. *Nature*, **415**, 62–65.

Yurke, B., Turberfield, A.J., Mills, A.P., Jr., Simmel, F.C., and Neumann, J.L. (2000) A DNA-fuelled molecular machine made of DNA. *Nature*, 406, 605–608.

Zhang, L., Abbott, J.J., Dong, L.X., Kratochvil, B.E., Bell, D., and Nelson, B.J. (2009a) Artificial bacterial flagella: fabrication and magnetic control. *Appl. Phys. Lett.*, **94**, 64107–64109.

Zhang, L., Abbott, J.J., Dong, L., Peyer, K.E., Kratochvil, B.E., Zhang, H., Bergeles, C., and Nelson, B.J. (2009b) Characterizing the swimming properties of artificial bacterial flagella. *Nano Lett.*, **9**, 3663–3667.

Zhang, L., Peyer, K.E., and Nelson, B.J. (2010) Artificial bacterial flagella for micromanipulation. *Lab Chip*, **10**, 2203–2215.

第 2 章　自然界纳米游体的运动

2.1　引　　言

自然界中有许多引人入胜的生物系统都有一部能够进行机械转化的马达 (Schliwa and Woehlke，2003; van den Heuvel and Dekker，2007; Vogel，2005)。通过数百万年的进化，自然界的纳米马达可以完美地匹配其功能与任务，这也为设计人工纳米马达提供了灵感。自然界纳米马达的例子数不胜数，而这些生物马达是生物体运动的基本载体。例如，分子机器是在细胞中工作的生物大分子系统，它们通常是多蛋白复合物，能够将化学能转换成机械功，以完成复杂的分子过程。在细胞内，包括驱动蛋白和肌球蛋白、DNA 和 RNA 聚合酶、动力蛋白等的线性马达在肌肉收缩、细胞器和突触小泡的运输、转录、有丝分裂和减数分裂等过程中发挥着关键作用。例如，驱动蛋白和肌球蛋白等蛋白质马达在细胞内广泛参与着各种运输任务。这些生物马达在所有生命系统中都随处可见，它们能够做功，并且执行着例如肌肉收缩或物体的运输等明确的机械任务。而例如细菌或精子这样的 “大型” 天然游体则采用几种不同的游泳模式，产生非往复式的运动，从而在低雷诺数下游动 (图 2.1)。而宏观的游体则无法采用这些方法游动。通过理解自然界中生物马达非凡的运动和运行规律，研究人员对提升人工纳米机械的运动复杂性也有了新的收获。

在本章中，我们将讨论生物纳米马达的设计和操作，并回答以下几个关键问题：(i) 生物马达如何将化学能转化为机械功？(ii) 生物马达如何实现定向运动？(iii) 生物马达的运动如何协调或调节？近年来关于生物分子马达的综述请参见 Hess and Bachand(2005)，Mickler，Schleiff and Hugel(2008)，Schliwa and Woehlke(2003) and van den Heuvel and Dekker(2007)。

激活生物马达可以采用许多种不同的触发机制，例如三磷酸腺苷 (ATP) 燃料、pH 梯度或光信号等。因为 ATP 是活细胞的主要能量来源，大多数常见的生物分子马达将其作为主要燃料。存储在 ATP 分子中的大量化学能通过其三个带负电荷的磷酸盐尾部释放出来：ATP 能够水解成二磷酸腺苷 (ADP) 和无机磷酸盐 (Pi)，进而从紧密堆积的磷酸盐尾部释放出自由能，用于机械做功。只要从 ATP 水解获得的自由能 (−12 kcal/mol) 超过马达的机械负载与步长、最大能量效率的乘积 (译注：即 ATP 释放的能量超过马达前进一步所需的能量)，生物分子马达就会连续不断地被化学反应推动向前。

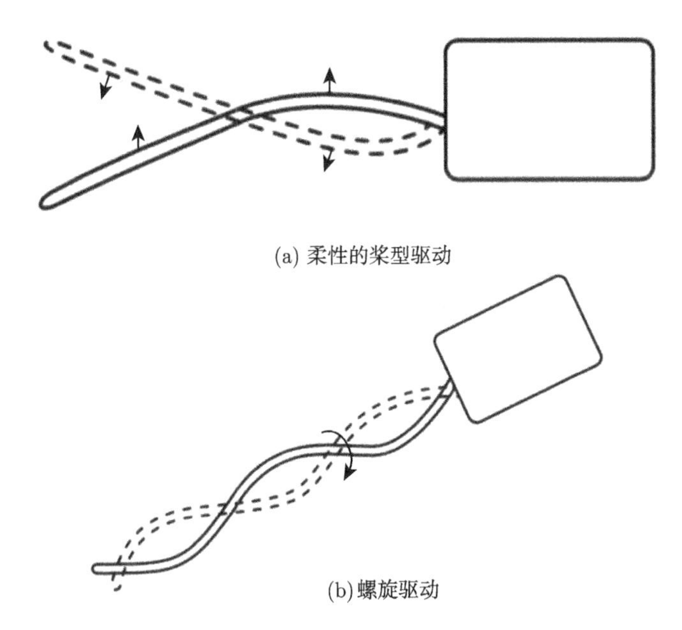

(a) 柔性的桨型驱动

(b) 螺旋驱动

图 2.1　采用柔性的桨型及螺旋型非往复的运动方式游动的细菌 (a) 及精子 (b)

2.2　化学驱动的马达蛋白

大多数自然界中存在的机械都是由蛋白质构成的。蛋白质在结合特定底物或配体时会产生机械运动，这些微小的生物马达也因此能够将构象变化转化为定向运动。由于蛋白质与其配体可以在未结合和与底物结合这两种状态之间可逆地切换，因此蛋白质的运动通常是可逆的。蛋白质的运动可能非常微小，只发生在蛋白质的局部，也可能是发生在纳米尺度的蛋白质结构在纳米尺度的变化。

2.2.1　生物马达：细胞中的活性主力

生物马达将化学能有效地转化为机械功，实现了从细胞内输运到大规模的肌

肉运动的各种功能 (Mavroidis，Dubey, and Yarmush，2004)。蛋白质马达广泛地参与了细胞内的各类活动，因而成为了细胞工厂的关键组成部分。一个细胞就如同城市一样，必须将由各种大分子组成的社区整合起来，并确定各项事务的处理时间。这种高度的时空组织和输运对于细胞的行为和存活都是至关重要的。总而言之，细胞内各项事务都要各有其时，这对于细胞行为是至关重要的。

虽然扩散是活细胞内的主要运输方式，但是某些货物需要在一个方向上快速运输较长的距离 (译注：扩散无法满足这样的要求)。因此，细胞进化出了基于蛋白质生物马达和微管丝的先进分子机器，用于将货物在细胞内运输到细胞质的各个目的地 (Schliwa and Woehlke，2003; Vale，2003)。细胞内转运主要是通过蛋白质马达进行的。这种细胞内的运输过程和道路上的货物运输十分相像，而蛋白质马达就好像一辆辆的货运卡车，它们沿着细胞骨架轨道将货物从细胞中的一个位置运送到另一个位置，在位于细胞中心的细胞核和细胞外围之间传递着重要的化学"包裹"，从而维系着细胞的功能。对于驱动蛋白 (kinesin) 或动力蛋白 (dyneins) 马达来说，这些轨道是微管细丝 (microtubules filaments)，而对于肌球蛋白 (myosins) 来说这些轨道就是肌动蛋白 (actin)。细胞骨架轨道网络提供了细胞内道路系统 ("细胞高速公路") 的相应功能。微管丝比肌动蛋白丝坚硬 200 倍。

细胞骨架轨道在结构上是不对称的，并且包含特定的结合位点，这样就可以使结合后的生物马达可以读取细丝指向的方向，从而确保马达的定向运输。这些马达蛋白首先识别并结合到正确的纤维轨道和货物上，然后携带着它们的货物沿着微管"轨道"运输到指定的目的地。这些蛋白质马达可以携带包括膜囊泡、完整的细胞器、信使 RNA 等多种类型的货物沿着微管前进。不同的货物通常会被编码，这样就可以被相应的蛋白质马达识别了 (Goel and Vogel，2008)。因此，细胞内输运过程确保了在细胞中及时准确递送货物的需求。如果这些传输网络和过程出现中断，就可能导致细胞内一片混乱，细胞也可能死亡。因此，蛋白马达进化出了在拥挤的环境中工作的能力，也不会出现交通堵塞 (Leduc et al.，2012)。

2.2.2　蛋白马达的工作基本原理

生物分子纳米马达也叫做马达蛋白，是一种非常特殊的应激响应型高分子。这些蛋白精密度高，具备很高的工作效率以及特殊功能，这都来自于蛋白质基元的复杂性。这些高效的化学供能的生物马达将富含能量的分子 (最常见的是 ATP) 作为化学燃料，通过其自发反应将化学能转化为机械功。ATP 是生物体中的主要化学能源来源，在细胞内的浓度大约为毫摩尔每升量级。肌球蛋白、驱动蛋白和动力蛋白等马达蛋白通过这种高效的能量转换来执行各种各样的基本生物功能，例如细胞器和囊泡的长距离细胞间运输，或者肌肉的收缩 (Vale and Milligan，2000)。马达蛋白也因此被称为纳米运输装置的基本结构单元。

为了克服黏滞力和布朗运动，肌肉肌球蛋白和驱动蛋白沿着肌动蛋白或微管丝直线行走 (图 2.2)。微管是一种具有极性结构的细胞骨架微丝，充当了驱动蛋白和动力蛋白马达的轨道，也支撑着细胞的机械完整性。这些微管细丝是中空且坚硬的柱形高分子，内径约 18 nm，外径约 25 nm，由 α- 和 β- 微管蛋白结构单元组成。微管内的微管蛋白的取向决定了驱动蛋白结合和移动的方向 (Hess and Vogel，2001; Hess et al.，2001)。微管自己也有极性，一端为正 (快速生长)，另一端为负 (缓慢生长)。驱动蛋白从负端向微管的正端运动，把货物运送到细胞周边；而动力蛋白则从正端移动到负端。

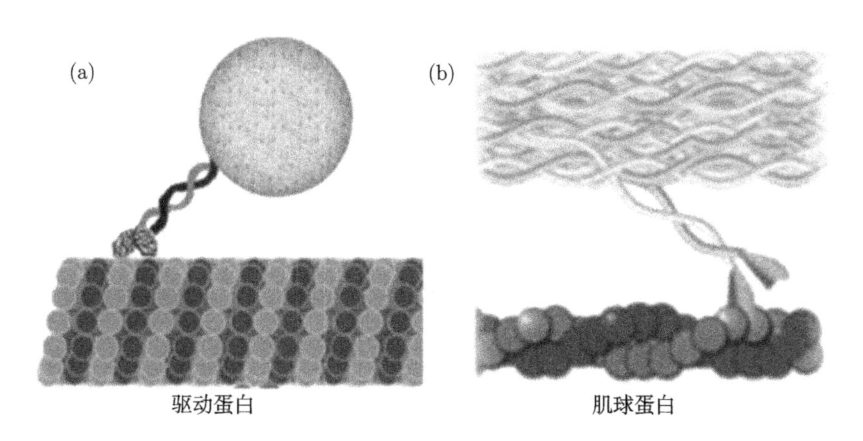

图 2.2　驱动蛋白 (a) 和肌球蛋白 (b) 消耗 ATP，并分别沿着微管“轨道”和肌动蛋白丝进行可控的运动。这对于细胞货物的定向运输来说至关重要。这些生物马达从 ATP 水解中获得能量，通过它们的两个头部与“轨道”重复的结合与解离，从而沿着“轨道”移动 (经许可转载自 Hess，Bachand and Vogel，2004)

生物马达在结合和水解 ATP 并释放产物这一循环过程中发生了显著的构象变化，这在马达蛋白的运动中清晰地体现出来。马达蛋白有一个催化的区域 (或者叫“头”)，上面有两个结合位点，一个和轨道结合，另一个结合 ATP。而马达与 ATP

燃料的结合和水解就会导致轨道结合位点的构象发生变化。这些生物马达的运动因而与 ATP 的结合和水解息息相关：ATP 的水解循环可以导致运动蛋白的结构向运动方向移动 (动力冲程)，ATP 中储存的能量也从而转换成了动能 (Houdusse and Carter，2009)。这之后，马达从轨道脱离，分子构象也随之反转 (恢复冲程)。蛋白沿着基底连续地与多个位点结合，这些机械化学循环也就让马达运动起来了，而它们可以连续不断地走几百步也不脱轨。生物马达能够将化学能转化为机械功，体现出其高度复杂性。肌球蛋白和驱动蛋白的晶体结构相似，而且两者将化学能转化为机械功的策略也十分相似，表明这些生物马达源自共同的祖先 (Kull et al.，1996; Vale and Milligan，2000)。

2.2.3　驱动蛋白

2.2.3.1　功能与结构

驱动蛋白 (Kinesins) 是一大类结构不同的蛋白质。有超过 250 种类似驱动蛋白的蛋白质，它们和染色体的运动、细胞分裂和细胞膜的动力学过程等不同的生物过程有关。驱动蛋白 I 也被称为普通驱动蛋白，或者就简称为驱动蛋白，它也是被研究最多的驱动蛋白。

常规的驱动蛋白是由两个完全相同的子单元组成的二聚体，每个单元长度为 370 个氨基酸 (Woehlke and Schliwa，2000)。每个子单元包含三个截然不同的部分：N- 末端球状头 (马达部分)，中部将两条链保持在一起的 (以辅助二聚化)50 nm 长的半柔性卷曲螺旋茎，和负责结合细胞货物的尾部 (图 2.3)(Woehlke and Schliwa，2000; Yang，Laymon and Goldstein，1989)。驱动蛋白的头部是其最具代表性的特征，这部分的氨基酸序列在不同驱动蛋白中都相差无几。每个头部都有两个单独的结合位点：一个与微管结合，另一个与 ATP 燃料结合。驱动蛋白的头部通过短 (约 13 个氨基酸) "颈接头" 连接到茎，对于不同的核苷酸，其茎部构象会发生不同的变化，因而有助于驱动蛋白前进。

在细胞中货物的输运全部依赖 I 型驱动蛋白。它是最广泛研究的运动蛋白之一，也作为一种模型蛋白质帮助我们从分子层面了解细胞内的转运过程。虽然扩散是活细胞内的主要运输方式，但驱动蛋白马达通过沿着蛋白质微管丝彼此合作的运输货物，解决了例如在神经元中填充有神经递质的囊泡 (图 2.2a) 这样货物的快速和定向输运的需求。这些生物马达能够在正确的地方装载囊泡，沿着微管轨道快速地把它们运走，并投送到正确的位置。

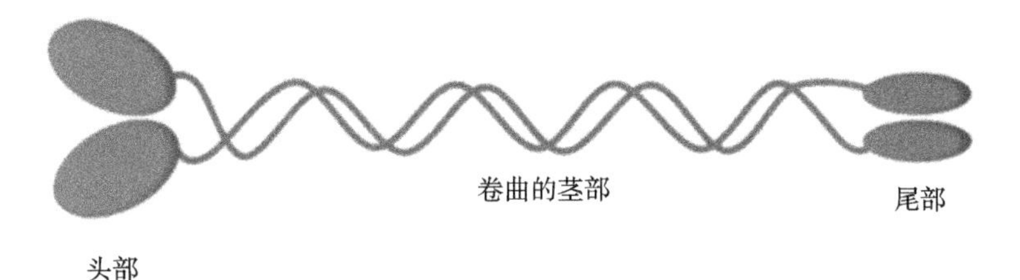

图 2.3　驱动蛋白 I(常规驱动蛋白) 的结构，包括马达部分 (头部)，中央的卷曲茎部，以及 C-末端扇叶状的尾部，用于和细胞货物结合

2.2.3.2　驱动蛋白的运动

为了理解驱动蛋白的运动机制，科学家们做出了大量的努力 (Asbury，Fehr and Block，2003; Okada and Hirokawa，1999)。驱动蛋白利用存储在 ATP 中的化学能产生了沿着微管丝的定向力 (图 2.2a)。驱动蛋白运动的关键是通过 ATP 水解产生的构象变化。ATP 结合和水解以及 ADP 的随之释放改变了驱动蛋白与微管结合区域的构象，也改变了颈接头相对于头部的取向，驱动蛋白因此运动起来 (Hirokawa et al.，1989)。单分子研究表明，蛋白的头部在与微管平行的方向以 1.8μm/s 的惊人速度移动。因此，驱动蛋白借由与 ATP 的结合和 ATP 的水解，以 8nm 的步长快速移动着，这个距离也对应于微管轨道内相邻微管蛋白异源二聚体之间的距离 (Svoboda et al.，1993)。驱动蛋白的每一步都对应着一个 ATP 分子的水解，其运动的步长与 ATP 浓度或驱动力大小无关。因此，驱动蛋白的运动与其构象变化的周期密切相关。Yildiz 等人 (2004) 提出，驱动蛋白在两步之间等待 ATP 的时候是与微管通过两个头部结合的。驱动蛋白结合着微管丝轨道，并能够在这些轨道上持续行走多个酶催化循环周期，在从微管丝分离之前能走约 100 步。虽然驱动蛋白沿着微管丝行走的过程中涉及许多步骤，却不会与管丝脱离，这样就提供了细胞转运所必需的方向性。细胞内的输运还极大地受益于驱动蛋白马达的高推动力。例如，单个驱动蛋白马达可以从单个 ATP 分子的水解中获得高达 7pN 的推进力，这意味着其能量转化效率超过了 50%。

2.2.4　肌球蛋白

ATP 驱动的运动蛋白还有一大类是肌球蛋白 (Myosins)。这类蛋白能够与肌动蛋白 (actin) 相互作用，还能够水解细胞 ATP 并产生力和运动 (Sellers，1999)。肌肉的收缩就是由肌球蛋白分子机器完成的，这一过程中纤细的肌动蛋白丝和粗大的肌球蛋白丝滑过彼此，也因此产生了力。除了肌肉收缩，肌球蛋白还参与了沿肌动蛋白丝的货物输运、细胞的运动，及胞吞和胞吐等过程。几十年来，肌肉肌球蛋白已经成为理解细胞内运动的模型系统。这种运动蛋白通过 ATP 水解获得能量，构象随之变化 (下文描述)，从而结合并沿肌动蛋白丝移动，并产生出力 (图 2.2b)。通过这样的过程，肌球蛋白马达为我们的自主运动 (行走、跑步、举重) 和非自主肌肉 (例如心跳) 提供动力 (Balzani et al.，2000)。

肌球蛋白 II 也称为常规肌球蛋白，是负责产生肌肉收缩的肌球蛋白马达。肌肉收缩是涉及肌动蛋白和肌球蛋白的复杂过程，是肌动蛋白丝在肌球蛋白头上滑动的结果。肌肉纤维由多个肌动蛋白和肌球蛋白的单元重复组成，正是它们让大块的肌肉运动成为可能。肌肉的粗丝由几百个肌球蛋白分子组成，它们通过尾部之间的相互作用平行交错排列。在肌肉收缩时，ATP 水解导致肌球蛋白的构象发生变化，肌动蛋白和肌球蛋白丝也因此产生了相对于彼此的净运动。

肌球蛋白由两部分组成：球状的头部能够与给定底物上的肌动蛋白结合，而卷曲的尾部则与 ATP 反应并将肌球蛋白附着于细胞之上。所有肌球蛋白的运动结构域都一样，处于其 “头” 结构域的氨基末端蛋白链上，但是它们在羧基末端的 “尾部” 结构域则千差万别。肌球蛋白 II 将肌动蛋白丝作为轨道来运输货物。肌球蛋白 V 则被认为与几种细胞内的转运有关，特别是囊泡从细胞中心到外周的运输。所有肌球蛋白都通过位于重链末端的球状 “头” 结构域与肌动蛋白丝结合，而这种结合提高了肌球蛋白的 ATP 酶活性 (Hwang and Matthew，2009)。

肌球蛋白通过称为 Lymn-Taylor 循环的四步循环 (图 2.4)(Hugel and Lumme，2010; Kühner and Fischer，2011) 周期性地与肌动蛋白丝相互作用，从而水解 ATP 并产生机械力。在这四个步骤中的每一步，肌球蛋白的两区域的结构变化密切相关，这就是该循环的最基本原理。与驱动蛋白相似，肌球蛋白不能从肌动蛋白丝上把两条腿同时提起来，否则它将从细丝上脱落并飘走 (图 2.4)。肌球蛋白 II 将运动区域内催化位点的小规模结构重排转化为轻链结合结构域的大范围摆动或做功冲程。这就如同一个灵活的杠杆臂一样，将力传给肌动蛋白运载的物体。在该模型中，催化位点处是否存在核苷酸 (ATP 或 ADP 和无机磷酸盐)，对肌球蛋白与肌动蛋白的亲和力，以及杠杆臂的位置均有极大的影响。在循环过程中，每当有 ADP 释放出来，就会导致 ATP 快速与肌球蛋白结合，从而使其从原本紧密结合的肌动蛋白丝上脱落。在重新结合肌动蛋白并释放磷酸盐时，结合了 ADP 的肌球蛋白头与肌动蛋白的结合状态会发生从弱到强的转变，其构象也会反转为后冲程 (poststroke) 状态，从而导致肌球蛋白与肌动蛋白的界面发生滑移 (Kühner and Fischer，2011; Spudich and Sivaramakrishnan，2010)。在一个 ATP 酶循环中，肌球蛋白与肌动蛋白丝紧密结合的时间比例称为占空比 (duty ratio)。布莱恩特的团队 (Chen et al.，2012) 证明肌球蛋白马达会对钙离子产生响应，而可逆地改变其运动方向。因此，通过调节周围溶液中钙离子的局部浓度，就可以使肌球蛋白沿着肌动蛋白轨道的任一方向行走。

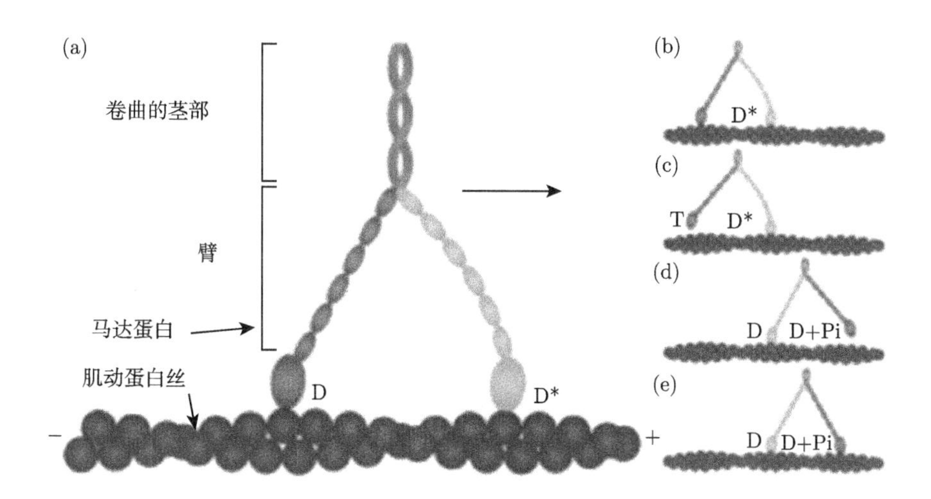

图 2.4 构象循环的各个阶段中肌球蛋白 V 在肌动蛋白丝上的步进运动。(a) 肌球蛋白的两个头部都含有 ADP，并与轨道结合；(b) 肌球蛋白后侧头部被分子内张力触发而释放 ADP；(c) 肌球蛋白后侧头部与 ATP 结合，并从肌动蛋白丝上脱离；(d) 肌球蛋白后侧头部水解 ATP，向前迈出一步；(e) 肌球蛋白后侧头部变成朝前的头，并与肌动蛋白丝结合。D 代表 ADP，Pi 代表无机磷酸盐，T 代表 ATP。肌球蛋白 V 每一步大约 36 nm，消耗一个 ATP (经许可转载自 Hugel and Lumme，2010)

自然界中有许多体系能够将众多分子马达的能量团结起来，而肌肉组织就是其中一个非常漂亮的例子。在细胞生物学中，肌动蛋白–肌球蛋白的相互作用处于非常核心的地位。它们之间的相互作用由 ATP 供能，且周而复始，不仅导致了肌肉收缩，对于包括细胞分裂在内的各种非肌细胞的运动也十分重要。在骨骼肌中，力是由多个肌球蛋白 II 分子通过“做功冲程”机制产生的。一个这样的周期包含了 ATP 结合、水解及磷酸盐的释放。ATP 水解之后，肌球蛋白分子解离出磷酸盐，却尚未从肌动蛋白上脱落，循环从此开始，并由 ATP 水解释放的能量供能。磷酸盐的解离导致肌球蛋白的分子构象发生变化，使肌球蛋白沿着肌动蛋白丝移动起来。

2.2.5　动力蛋白

动力蛋白 (Dyneins) 也是一种与微管相关的蛋白质马达，它通过将 ATP 中储存的能量转化为动能，从而为细胞的各种活动提供能量。动力蛋白马达是三种线性运动蛋白中最大的一类 (大约 1~2 MDa)，虽然比驱动蛋白大 10 倍，却与其很类似 (Burgess and Knight，2004; King，2000；Porter and Johnson，1989；Samso et al.，1998)。根据其结构和功能可以把动力蛋白分为两种类型：细胞质动力蛋白和轴突动力蛋白。细胞质动力蛋白广泛存在于所有动物细胞中，具有包括细胞内运输、有丝分裂染色体分离和实现细胞运动在内的众多作用。细胞质动力蛋白这种微管马达沿着微管步步向前，参与到例如细胞器转运在内的各种细胞内转运过程中。轴突动力蛋白主要用于纤毛和真核鞭毛的运动，在这一过程中动力蛋白引发微管在轴突中的滑动，从而产生弯曲。

与驱动蛋白和肌球蛋白相比，动力蛋白不论是结构还是力的产生机制都截然不同 (Oiwa and Sakakibara，2005)。动力蛋白由以下几部分组成：1 ~ 3 个分子量大于 500 kDa 的重多肽链球状头部 (通过其柔性茎结构使蛋白沿着微管运动)，几条中间链 (用于锚定货物) 和轻链 (Burgess et al.，2003)。重链含有 ATP 水解和结合微管的位点，因而组成了 “运动” 结构域。细胞质动力蛋白有两条沿着微管行走的具有球状头部的重链，这些头部通过茎与微管结合。动力蛋白的运动有赖于其与轨道不断周而复始的结合与释放，以及核苷酸周而复始水解产生的力。

2.2.6　微芯片器件中基于生物马达的主动纳米尺度输运

科学家们受细胞运输过程的启发，正在努力利用蛋白质马达实现微芯片器件中的主动运输 (Goel and Vogel，2008; van den Heuvel and Dekker，2007)。有几个课题组已经开发了由能够自主运输的蛋白生物马达驱动的芯片微系统 (Bachand et al.，2009; Hess and Vogel，2001; Hess et al.，2001；Hess，Bachand，and Vogel，2004; Schmidt and Vogel，2010)。在微通道网络中利用基于驱动蛋白/微管的分子梭实现的装载和导向运输也受到了格外关注。这种驱动蛋白–微管系统已经成为一种典型的范例，展示了如何将生物马达驱动的输运与微型工程器件整合在一起。基于肌动蛋白/肌球蛋白的分子梭也可通过与肌动蛋白丝 (actin filament) 联用，实现类似的功能。

为了发展驱动蛋白/微管分子梭，我们需要正确认识纳米尺度输运的关键问题：导向，装载，以及蛋白马达运动的离散性 (译注：指驱动蛋白在微管上是步进的，而不是连续的、滑动的)。因此，和细胞内转运系统一样，基于驱动蛋白的活性运输微芯片装置也需要在通道内安装微管 "轨道"。或者，也可以把驱动蛋白固定到芯片表面，以用来滑动微管，使其成为将纳米货物运送到目的地的微型货车 (图 2.5)。人们已经用现代微加工技术与化学图案化相结合的方法，制备了纤维丝可控运动所需的轨道。到目前为止，蛋白马达还是主要限于沿着单个轨道的运动。Clemmens 等人 (2004) 展示了在微通道网络中使用固定着驱动蛋白的轨道来主动运输微管的可行性，他们还对各种轨道接头和定向分拣装置进行了表征。汉考克的团队使用光刻图案来定向和引导微管在固定着驱动蛋白的表面上运动 (Moorjani et al., 2003)。如果要对这些分子梭长期成像，用荧光染料或纳米晶对生物马达或微管进行功能化是一种很好的方法。例如，Muthukrishnan 等人 (2006) 展示了一种方法，通过中性链亲和素桥连分子 (neutravidin bridging molecule) 将荧光量子点与驱动蛋白生

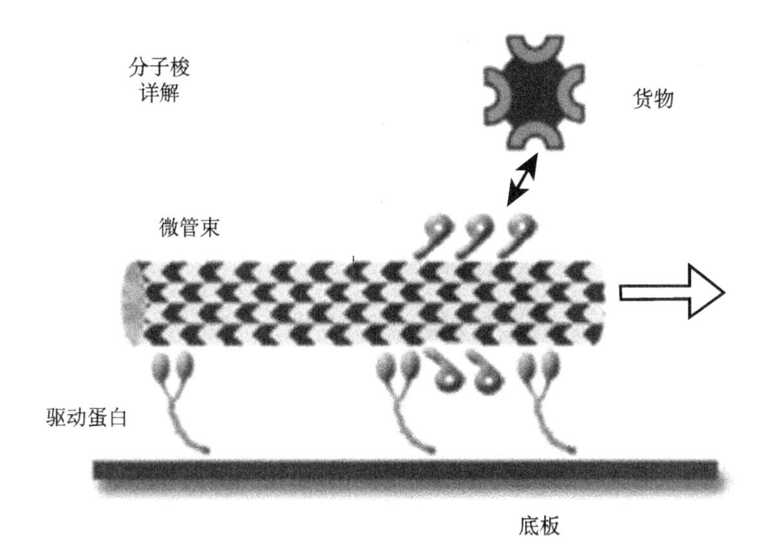

图 2.5 基于驱动蛋白/微管的分子梭。多个黏附于表面的驱动蛋白支撑了微管束的运动。这些微管束表面装饰有连接基团，可用于选择性的装载和运输货物

物素复合在一起，这种方法也使分子梭的选择性加载和功能化成为可能。这项研究也展现了生物马达驱动纳米粒子运输和组装的潜力。

要实现驱动蛋白/微管束分子梭的可控定向运输，精细的速度调控必不可少。这些分子马达的活性及运动速度受到许多因素影响，包括 ATP 燃料的浓度，以及是否存在 ATP 再生酶或水解酶、二价阳离子和抑制剂等。因此可以通过选择合适的生物化学刺激，来调控生物马达的运动。例如，Hess 等人介绍了利用光来控制驱动蛋白的方法。他们通过紫外光引发 ATP 释放，结合己糖激酶对 ATP 的酶降解，实现了对分子梭的开关状态的控制。不断地让马达在开关状态中循环，就可以让马达的速度发生增减。通过调节抑制剂的浓度也可以实现类似的运动的开关效应。

基于驱动蛋白微管束的主动运输微芯片系统，可以在微通道内对特定货物进行选择性的装载、定向输运和卸载。Vogel 等人讨论了将货物装载在蛋白质输运系统，但又不影响传输性能的困难。他们展示了通过驱动蛋白分子梭来捕获及运输蛋白质、核酸、病毒颗粒及脂质体等一大类目标分析物的方法，以及如何利用驱动蛋白马达对光、化学物质和温度等不同刺激的响应来卸载货物。DNA 杂化反应能够不利用外界刺激而将捕获的核酸从驱动蛋白上卸载下来，因而也获得人们的青睐。例如 Hiyama 等人介绍了一种能够选择性装载、输运及卸载反应物脂质体的自发系统，这种系统利用了生物马达的运动性能和微管束的 DNA 杂化反应。这些微管束表面标记有 ss-DNA，能够在固定有驱动蛋白的表面上滑行。

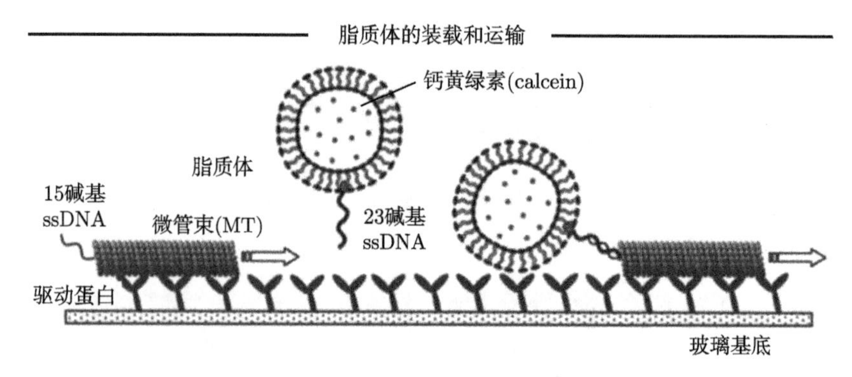

图 2.6　利用基于驱动蛋白的微芯片来递送脂质体。微管表面被单链 (ss)DNA 功能化，而脂质体表面被互补的 ssDNA 功能化，两者通过 DNA 杂交反应实现脂质体的装载 (经许可转载自 Hiyama et al.，2010)

驱动蛋白分子梭对蛋白货物的选择性加载使得“智能粉尘”这种生物传感应用成为可能，这一内容将在第 6 章加以阐述 (Fischer，Agarwal，and Hess，2009)。使用抗体功能化的微管和驱动蛋白作为分子梭，可以选择性地从溶液中捕获分析物，并将其传送到传感器贴片上，从而克服纳米传感器在传质上的局限性 (Katira and Hess，2010)。尽管蛋白质马达具有复杂的功能，但是它们固有的不稳定性和对工作环境的苛刻要求，成为体外微芯片应用的一个主要障碍 (van den Heuvel and Dekker，2007)。因此，对于许多需要将这种生物马达整合到合成材料或器件中的应用来说，延长蛋白质马达在工作状态下的使用寿命至关重要。

运动蛋白的主动运输也可以用于自组装过程。Hess 等人的研究成果表明由生物分子马达驱动的主动运输可以用来驱动线性和圆形介观有序结构的自组装，而这种结构不会在没有这种主动运输的情况下形成 (Hess and Bachand，2005; Hess et al.，2005)。

基于生物马达的微芯片系统在生物传感领域的应用将在 6.2 节中详细讨论。

2.3 旋转生物马达

ATP 合酶 (ATP synthase) 因为其卓越的设计和性能被认为是最重要、最惊人的天然旋转马达，(Boyer，1997; Weber and Senior，2003)。Boyer 博士 (1997 年诺贝尔化学奖获得者) 说：“在所有的酶中，ATP 合酶是最美丽、最不寻常和最重要的酶之一”(Boyer，1997)。其美丽体现在 F_1-ATPase 组分的三维结构，而其独特性则体现在其结构和反应机理的复杂性。生物体每天都会合成大量的 ATP，这充分说明了 ATP 合酶的重要性 (Boyer，1997)。这种高效纳米微粒以每秒超过 100 个的速率将 ADP 和磷酸盐转化为 ATP 分子，为自然界绝大多数生物提供了约 80%的细胞 ATP。

对于 ATP 合成酶的结构和机理已有大量研究 (Boyer，1993; Noji et al.，1997; Weber and Senior，2003; Yasuda et al.，2001)。ATP 合酶是锚定在细胞脂质双分子层中的一组蛋白质。如图 2.7 所示，这种多亚基酶由两个旋转分子马达 (F_1 和 F_0) 组成，它们连接在一个共同的轴上，每个马达都由不同的燃料提供动力，并向相反的方向旋转。亲水 (水溶性) 的 F_1 部分是一个由 ATP 驱动的化学马达。

ATP 合酶是一个非凡的可逆耦合装置。它利用 ATP 水解的自由能向一个方向旋转。在此过程中，酶将 ATP 水解成 ADP，同时左旋 120°，每旋转 120° 消耗一个 ATP 分子。而 F_1 马达则可以在获得 ATP 时向右旋。在这种逆向操作中，F_1 头每向右旋转 120° 就合成一个 ATP 分子。通过旋转，机械能驱动了 ATP 合成。这种旋转式的催化正是 ATP 合酶的非凡特性之一。相反，第二个马达 (也就是嵌在膜内的疏水性 F_0 部分) 使用跨膜电化学梯度中储存的能量向相反的方向转动。这个 F_0 马达通过它的 c 亚基环将质子传到膜的对面，并释放出 ATP 分子。F_0 在 ATP 合成过程中的质子跨膜运输还引起了 F_1 内 γ 亚基的旋转，其旋转的机械力传递到催化位点，为 ADP 和无机磷酸盐 (Pi) 合成 ATP 提供了能量。每 12 个质子穿过马达就会产生三个 ATP 分子。

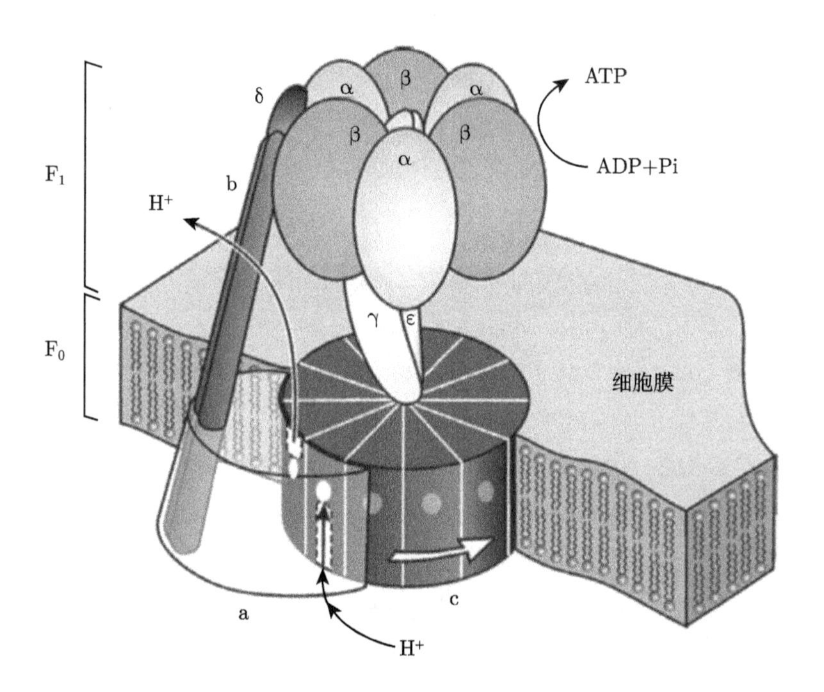

图 2.7　F_0F_1-ATP 合成酶的结构：两个连接在共同轴上的旋转分子马达，每个都试图向相反的方向旋转。催化区域由子单元 a，b，g，d 和 e 组成。质子通道位于子单元 a 和 c 之间的界面处; 虚线表示人们推测的质子入口和出口通道 (经许可转载自 Balzani，Credi，and Venturi，2008)

Paul Boyer 在 20 世纪 80 年代初期首次提出 F_1 内部亚基的旋转是其催化机制的一部分 (Boyer，1993)。随后，在 1997 年，Noji 等人 (1997) 直接观察到了 F_1

马达的旋转。Kinosita 及其同事 (Adachi et al.，2007) 则在 2007 年进一步阐明了 ATP 合酶亚基的旋转是如何与生成 ATP 的化学反应耦合在一起的。

康奈尔大学的 Montenegro 研究小组 (Soong et al., 2000) 在 2000 年展示了生物分子马达和无机纳米系统的整合：一个由生物分子马达驱动的混合纳米机械装置。该装置由三部分组成：一个加工后的基底，F_1-ATP 合酶生物分子马达，以及约 1 μm 长的镍棒状纳米螺旋桨。该镍棒通过生物素–链亲和素键连接到生物马达上。当在体系中加入 ATP 时，与 ATP 合酶相连的镍纳米棒螺旋桨能够以每秒八转的速度旋转。而通过加入 2 mM 三磷酸腺苷 (“开”) 或叠氮化钠抑制剂 (“关”) 则可以实现纳米螺旋桨的可逆旋转。

该团队在 2002 年还报道了一个突变的 F_1-ATP 合酶马达的设计、制备和表征。该马达含有一个金属结合位点，这个位点也是一个对锌敏感的可逆开关 (Liu et al.，2002)。通过不断重复添加和利用螯合效应来去除锌，可以分别抑制或者恢复突变 F_1-ATP 合酶的 ATP 水解以及马达的旋转，但对野生型 F_1 对照组没有任何作用。这种化学调控的能力为在单分子水平上开关控制 F_1-ATP 酶驱动的集成纳米机械混合装置开辟了光明的前景。

2.4 游动的微生物

自然界中的微生物，如鞭毛细菌 (雷诺数 $Re \sim 10^{-5}$) 和精子 (雷诺数 $Re \sim 10^{-2}$)，都栖息在低雷诺数的世界 (图 2.1)。在这样的雷诺数下惯性就消失了，这也意味着大尺度游体的流体动力学对于微生物的运动失去了意义。早在 1951 年，杰弗里 · 泰勒 (Geoffrey Taylor)(Taylor，1951) 就首次证明，通过沿着身体传播正弦行波，可以实现无惯性下的运动。他计算出推进速度为 $a^2k^2c/2$，其中 a，k 和 c 分别是波的幅度，波数和相速 (假设波幅小于波长)。

此后的三十年中，人们发现微生物能够利用各种方法来克服黏滞阻力，而这些方法与宏观游体所使用的方法大相径庭 (Zhang，Peyer，and Nelson，2010; Childress，1981; Purcell，1977; Lauga，2011)。微生物在微尺度的推进技术遥遥领先于人工合成的纳米游体。或者应该说，我们应该把微生物非凡的运动原理作为准则，用于设计高效、小型人造磁性游体。

微生物的运动通常是通过打破时间可逆性来实现的，从而能够逃脱 “扇贝定理" 的束缚 (Purcell, 1977)(译注：扇贝定理：在低雷诺数下，由于缺乏惯性，如同扇贝一样可逆的改变身体形状只能在原地循环往复运动，无法获得长时间的定向运动)。微生物以非往复 (non-reciprocal) 的方式运动，例如螺旋状或柔性的桨状运动。而游动微生物的效率由 Lighthill 定义为在黏性流体中拖动相同大小的物体所需的能量除以流体中总的黏性耗散 (Lighthill, 1952)。自 20 世纪 70 年代以来，围绕着微生物运动过程中的流体力学现象涌现出了大量的研究 (Berg and Anderson, 1973; Brennen and Winet, 1977)，我们也因此对在各种复杂的环境和各种实际的限制条件下的微型天然游体的运动原理知之甚详 (Lauga and Powers, 2009)。

2.4.1　细菌鞭毛–大肠杆菌

许多种细菌都是通过鞭毛 (flagella) 运动的。游动的细菌使用嵌入细胞壁的旋转马达 (Berg, 2003; Berg and Anderson, 1973) 或通过细胞外膜下鞭毛推动的全身波浪变形 (Goldstein and Charon, 1990) 来旋转其螺旋状刚性鞭毛。例如，Berg 和 Anderson(1973) 在 1973 年发现，大肠杆菌这样的细菌通过旋转鞭毛丝状物在雷诺数低至 10^{-4} 的条件下进行螺旋运动 (图 2.1a)，其每个鞭毛细丝都传播一个螺旋波。该团队还在 2000 年展示了荧光鞭毛丝的实时成像 (Turner, Ryu, and Berg, 2000)。

细菌鞭毛是长几微米，直径约 20 nm 的螺旋状细丝，四或五根这样的细丝组成了一束。细丝可以以不同的形态存在，每种形态都具有不同的曲率和扭曲方式。每根鞭毛丝在其基部由直径约 45 nm 的可逆分子回转式马达驱动。这种马达由大约 20 种不同类型的类似于机械电动机中的部件组装而成。这种旋转马达不是通过 ATP，而是由离子通量 (质子沿电化学梯度流动) 供能。离子沿着电化学梯度，通过肽聚糖结合的定子复合物流入细胞质，因而通过转子– 定子 (rotor-stator) 界面处的静电相互作用驱动转子旋转。鞭毛的旋转速度因此随质子动力的强度而变化。旋转式生物马达在每秒 100 转下产生的转矩高达 4500 pN·nm(图 2.8)，是 F_1-ATP 合酶转矩的 200 倍。这种可逆而强大的旋转马达可以高频率顺时针或逆时针转动，使鞭毛产生类似行进螺旋波的运动，从而推动细菌运动。近年来的研究表明，在细菌向前游动期间使用的形态 (正常形态) 其流体动力学效率最高 (Spagnolie and Lauga, 2011)。

细菌在非常低的雷诺数 ($Re \sim 10^{-4}$) 下游动，这时流体运动为斯托克斯流

(Stokes flow)。Purcell(1997) 提出了一个推进矩阵，能够将鞭毛的平移和角速度与推动细菌的扭矩和力联系起来 (参见公式 1.5)。人们随后发现这一矩阵能够很好地描述细菌在一定速度范围内的游动 (Chattopadhyay et al.，2006)。这种鞭毛驱动机制因此产生了对净运动所必需的非往复 (non-reciprocal) 运动，从而推动细菌在低雷诺数下向前游动 (Berg，2003)。对于这种自由游动的细菌，其身体所受到的黏性阻力与作用于鞭毛束上的黏性阻力达到了平衡。然而，与细菌身体所受的黏性阻力不同，鞭毛束所受到的黏滞阻力更难以计算。细菌鞭毛的设计和运动启发了磁力驱动的人造细菌鞭毛 (ABF) 的制备，这将在第 5 章中详述。

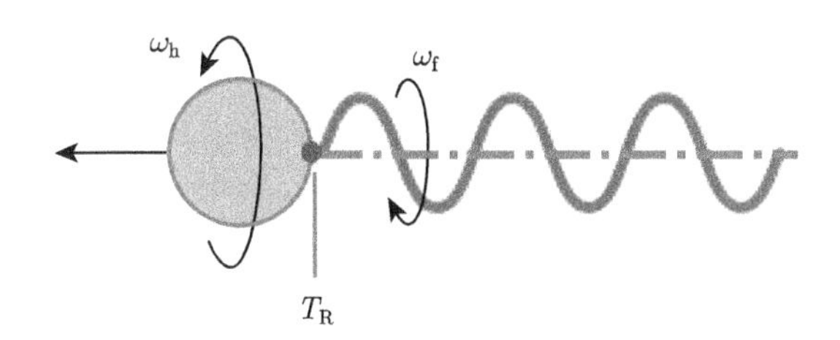

图 2.8 细菌的旋转马达对螺旋状的鞭毛施加扭矩 T_R，使其以 ω_f 的频率旋转。鞭毛的旋转则导致细菌头部以低频率 ω_h 向反向旋转 (经许可转载自 Peyer et al.，2013)

2.4.2 精子的运动

精子 (spermatozoa 或 sperm) 是携带雄性遗传物质的雄性性细胞。大多数性繁殖的动物都需要精子来进行受精过程。因此，精子的驱动对于我们理解繁殖至关重要。精子的运动在受精时变得至关重要，因为它允许或至少促进了精子通过卵透明带 (译注：zona pellucida，也被称为卵鞘，是卵子的细胞膜外围的一层外套膜)。精子随之穿透围绕卵子的膜使雌性的卵子受精。因此通过控制精子如何穿过雌性的生殖道可以令受精机会最大化。精子细胞对吸引物的动态响应对于理解受精的调节也是十分重要的。这种趋化过程将在 4.6.2 节中讨论。

成熟的精子由三个不同的部分组成：头部，中间部分 (中段) 和尾部 (鞭毛)。精子在运动时会出现沿着尾巴传播的行波 (Gillies et al.，2009)，而 Taylor 早年对这种运动进行了描述 (Taylor，1951)。如图 2.9 所示，精子通过使柔软的鞭毛以波浪形式变形来运动。这种行波并不完全是正弦波 (Brokaw，1965)，并且是由轴丝微管之间的滑动区域的传播所引起，其滑动方向可以随着鞭毛的曲率方向反转而反向

(Brokaw，1965，1971, 1991)。Gillies 等人讨论了鞭毛尾部行波震荡过程中复杂流体动力学的细节 (2009)。

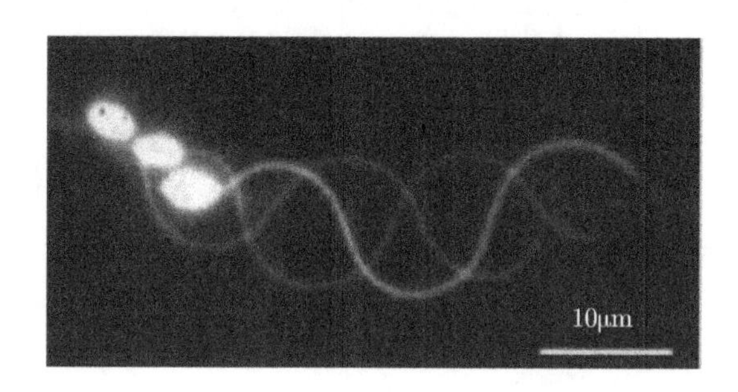

图 2.9　沿着聚合物长丝，通过分子马达的致动，精子柔性鞭毛以波状方式变形，驱动精子运动。图片展示了玻璃海鞘 (Ciona intestinalis) 精子利用起伏的行波游动 (经许可转载自 Brokaw，1965)

2.4.3　纤毛驱动的草履虫游动

草履虫是一种椭圆形、拖鞋状微生物 (长 100 μm)，其前面和顶部是圆形的，而后面和底部是尖的 (图 2.10)。草履虫全身长满了 4000 根叫做纤毛 (cilia) 的细丝，它们又薄又短，还很柔软，草履虫就是通过同时舞动这些纤毛而游动。人们对纤毛丝进行了大量研究 (Ludwig，1930; Satir，1968; Sleigh，1974)。这种弹性细丝彼此协调，通过使用九个可以沿着彼此滑动的微管双丝细丝 (称为轴丝结构) 的组件，在不同的构象之间不断循环，以不对称的方式来回移动。这些微小的活动纤毛结构能够非常有效地产生水流，因此成为了草履虫的运动器官 (Bray，2001)。草履虫个体纤毛的跳动周期是不可逆的，在前半个周期中，纤毛将流体推向一侧，这是其有效冲程 (effective stroke，或功率冲程 power stroke)；在后半周期中，纤毛弯曲到几乎折叠，并返回到其原始构型，这是其恢复冲程，在此过程中纤毛与水流平行。单个纤毛弯曲和伸直的速度非常快，因而大大降低了恢复冲程的阻力，而弯曲冲程则推动草履虫在水中运动。锚定在草履虫表面的大量纤毛的这种协调变形使草履虫得以高效游动。

因此，无数的纤毛在草履虫表面平行排列成纵行 (阵列)，并在作功冲程中以相同的方向和节奏舞动，从而产生大规模运动 (译注：这是一个奇妙的流体力学同步现象)。这些纤毛同时、有节奏的拍打不仅推动了草履虫，还能将食物颗粒引导到其嘴中。因此，草履虫在水中是沿着一个隐形的轴螺旋运动的。为了使草履虫向后移动，纤毛只需以一个角度向前击打即可。草履虫的游泳速度约为 1 mm/s，相当于每秒约 10 个体长。人们还未完全掌握控制纤毛拍打的细节。除草履虫以外，还有许多其他微生物也是利用纤毛来操控流体的。

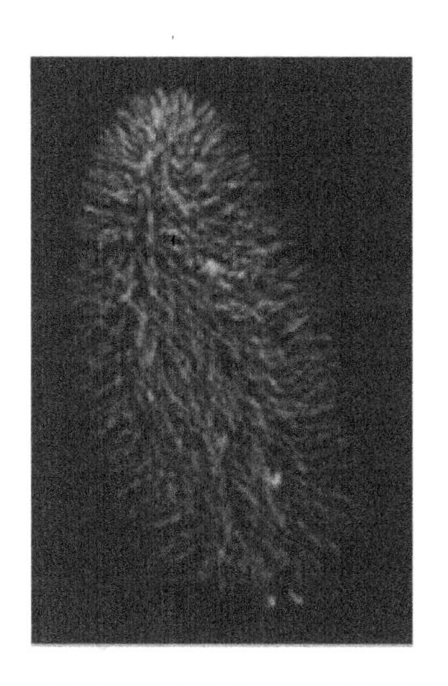

图 2.10 附着短鞭毛的草履虫细胞 (经许可转载自 Lauga, 2011)

2.4.4 细菌的输运与致动

最近人们对使用运动的细菌来运输货物 (例如聚合物微球)(Behareh and Sitti，2007) 或驱动微观齿轮 (Sokolov et al.，2010) 很感兴趣。Behareh 和 Sitti(2007) 展示了使用细菌鞭毛运输微米级人造货物 (10 μm 聚苯乙烯 [PS] 微球) 的可行性。附着于 10 μm PS 微球的几种黏质沙雷氏菌 (Serratia marcescens) 能够产生较大的推力，将微球向前推动。通过引入铜离子，可以使细菌鞭毛马达停止，而引入乙二胺四乙酸 (EDTA) 则可以让鞭毛重新开始运动，这样就可以可逆地控制微球的 “开/关” 运动。

在几项报道中，细菌展示了推动纳米加工的物品自发和单向旋转的能力 (Di Leonardo et al.，2010; Sokolov et al.，2010)。例如，Aranson 及同事们描述了细菌推动微观齿轮的能力，展示出细菌在微操作/微定位技术领域的不凡潜力 (Sokolov et al.，2010)。Di Leonardo 等人的研究则表明，细菌的自组织可以让微型非对称的齿轮定向和可重复地旋转起来 (Di Leonardo et al.，2010)。将微生物与微纳米无机组分相整合，有望开辟出一类全新的混合动力纳米机器。

参 考 文 献

Adachi, K., Oiwa, K., Nishizaka, T., Furuike, S., Noji, H., Itoh, H., Yoshida, M., and Kinosita, K., Jr. (2007) Coupling of rotation and catalysis in F_1-ATPase revealed by single-molecule imaging and manipulation. *Cell*, **130**, 309–321.

Asbury, C.L., Fehr, A.N., and Block, S.M. (2003) Kinesin moves by an asymmetric hand-over-hand mechanism. *Science*, **302**, 2130–2134.

Bachand, G.D., Hess, H., Ratna, B., Satird, P., and Vogel, V. (2009) "Smart dust" biosensors powered by biomolecular motors. *Lab Chip*, **9**, 1661–1666.

Balzani, V., Credi, A., Raymo, F.M., and Stoddart, J.F. (2000) Artificial molecular machines. *Angew. Chem. Int. Ed.*, **39**, 3348–3391.

Balzani, V., Credi, A., and Venturi, M. (2008) Molecular machines working on surfaces and at interfaces. *Chemphyschem*, **9**, 202–220.

Behareh, B., and Sitti, M. (2007) Bacterial flagella-based propulsion and on/off motion control of microscale objects. *Appl. Phys. Lett.*, **90**, 023902–023902-3.

Berg, H.C. (2003) The rotary motor of bacterial flagella. *Annu. Rev. Biochem.*, **72**, 19–54.

Berg, H.C., and Anderson, R.A. (1973) Bacteria swim by rotating their flagellar filaments. *Nature*, **245**, 380–382.

Boyer, P.D. (1993) The binding change mechanism for ATP synthase-some probabilities and possibilities. *Biochim. Biophys. Acta*, **1140**, 215–250.

Boyer, P.D. (1997) The ATP synthase—A splendid molecular machine. *Annu. Rev. Biochem.*, **66**, 717–749.

Bray, D. (2001) Cell Movements, Garland Publisher, New York.

Brennen, C., and Winet, H. (1977) Fluid mechanics of propulsion by cilia and flagella. *Annu. Rev. Fluid Mech.*, **9**, 339–398.

Brokaw, C.J. (1965) Nonsinusoidal bending waves of sperm flagella. *J. Exp. Biol.*, **43**, 155–169.

Brokaw, C.J. (1971) Bend propagation by a sliding filament model for flagella. *J. Exp. Biol.*, **55**, 289–304.

Brokaw, C.J. (1991) Microtubule sliding in swimming sperm flagella. *J. Cell Biol.*, **114**, 1201–1215.

Burgess, S.A., and Knight, P.J. (2004) Is the dynein motor a winch? *Curr. Opin. Struct.*

Biol., **14**, 138–146.

Burgess, S.A., Walker, M.L., Sakakibara, H., Knight, P.J., and Oiwa, K. (2003) Dynein structure and power stroke. *Nature*, **421**, 715–718.

Chattopadhyay, S., Moldovan, R., Yeung, C., and Wu, X.L. (2006) Swimming efficiency of bacterium *Escherichia coli*. *Proc. Natl. Acad. Sci. U. S. A.*, **103**, 13712–13717.

Chen, L., Nakamura, M., Schindler, T.D., Parker, D., and Bryant, Z. (2012) Engineering controllable bidirectional molecular motors based on myosin. *Nat. Nanotech.*, **7**, 252–256.

Childress, S. (1981) Mechanics of Swimming and Flying. Cambridge University Press, U.K.

Clemmens, J., Hess, H., Doot, R., Matzke, C.M., Bachand, G.D., and Vogel, V. (2004) Motor-protein "roundabouts": microtubules moving on kinesin-coated tracks through engineered networks. *Lab Chip*, **4**, 83–86.

Di Leonardo, R., Angelani, L., Dell'Arciprete, D., Ruocco, G., Iebba, V., Schippa, S., Conte, M.P., Mecarini, F., De Angelis, F., and Di Fabrizio, E. (2010) Bacterial ratchet motors. *Proc. Natl. Acad. Sci. U. S. A.*, **107**, 9541–9545.

Fischer, T., Agarwal, A., and Hess, H. (2009) A smart dust biosensor powered by kinesin motors. *Nat. Nanotech.*, **4**, 162–166.

Gillies, E.A., Cannon, R.M., Green, R.B., and Pacey, A.A. (2009) Hydrodynamic propulsion of human sperm. *J. Fluid Mech.*, **625**, 445–474.

Goel, A., and Vogel, V. (2008) Harnessing biological motors to engineer systems for nanoscale transport and assembly. *Nat. Nanotech.*, **3**, 465–475.

Goldstein, S.F., and Charon, N. (1990) Multiple-exposure photographic analysis of a motile spirochete. *Proc. Natl. Acad. Sci. U. S. A.*, **87**, 4895–4899.

Hess, H., and Bachand, G.D. (2005) Biomolecular motors. *Mater. Today*, **8**, 22–29.

Hess, H., and Vogel, V. (2001) Molecular shuttles based on motor proteins: active transport in synthetic environments. *Rev. Mol. Biotechnol.*, **82**, 67–85.

Hess, H., Clemmens, J., Qin, D., Howard, J., and Vogel, V. (2001) Light-controlled molecular shuttles made from motor proteins carrying cargo on engineered surfaces. *Nano Lett.*, **1**, 235–239.

Hess, H., Bachand, G.D., and Vogel, V. (2004) Powering nanodevices with biomolecular motors. *Chem. Eur. J.*, **10**, 2110–2116.

Hess, H., Clemmens, J., Brunner, C., Doot, R., Luna, S., Ernst, K.H., and Vogel, V. (2005) Molecular self-assembly of "nanowires" and "nanospools" using active transport. *Nano*

Lett., **5**, 629–633.

Hirabayashi, M., Taira, S., Kobayashi, S., Konishi, K., Katoh, K., Hiratsuka, Y., Kodaka, M., Uyeda, T.Q.P., Yumoto, N., and Kubo, T. (2006) Malachite green-conjugated microtubules as mobile bioprobes selective for malachite green aptamers with capturing/releasing ability. *Biotechnol. Bioeng.*, **94**, 473–480.

Hirokawa, N., Pfister, K.K., Yorifuji, H., Wagner, M.C., Brady, S.T., and Bloom, G.S. (1989) Submolecular domains of bovine brain kinesin identified by electron microscopy and monoclonal antibody decoration. *Cell*, **56**, 867–878.

Hiyama, S., Moritani, Y., Gojo, R., Takeuchi, S., and Sutoh, K. (2010) Biomolecular-motor-based autonomous delivery of lipid vesicles as nano- or microscale reactors on a chip. *Lab Chip*, **10**, 2741–2748.

Houdusse, A., and Carter, A.P. (2009) Dynein swings into action. *Cell*, **136**, 395–396.

Hugel, T., and Lumme, C. (2010) Bio-inspired novel design principles for artificial molecular motors. *Curr. Opin. Biotechnol.*, **21**, 683.

Hwang, A.W., and Matthew, J. (2009) Mechanical design of translocating motor proteins. *Cell Biochem. Biophys.*, **54**, 11–22.

Katira, P., and Hess, H. (2010) Two-stage capture employing active transport enables sensitive and fast biosensors. *Nano Lett.*, **10**, 567–572.

King, S.M. (2000) The dynein microtubule motor. *Biochim. Biophys. Acta*, **1496**, 60–75.

Kull, F.J., Sablin, E.P., Lau, R., Fletterick, R.J., and Vale, R.D. (1996) Crystal structure of the kinesin motor domain reveals a structural similarity to myosin. *Nature*, **380**, 550–555.

Kühner, S., and Fischer, S. (2011) Structural mechanism of the ATP-induced dissociation of rigor myosin from actin. *Proc. Nat. Acad. Sci. U. S. A.*, **108**, 7793–7798.

Lauga, E. (2011) Life around the scallop theorem. *Soft Matter*, **7**, 3060–3065.

Lauga, E., and Powers, T.R. (2009) The hydrodynamics of swimming microorganisms. *Rep. Prog. Phys.*, **72**, 96601–96637.

Leduc, C., Padberg-Gehle, K., Varga, V., Helbing, D., Diez, S., and Howard, J. (2012) Molecular crowding creates traffic jams of kinesin motors on microtubules. *Proc. Natl. Acad. Sci. U. S. A.*, **109**, 6100–6105.

Lighthill, M.J. (1952) On the squirming motion of nearly spherical deformable bodies through liquids at very small Reynolds numbers. Commun. *Pure Appl. Math.*, **5**, 109– 118.

Liu, H., Schmidt, J.J., Bachand, G.D., Rizk, S.S., Looger, L.L., Hellinga, H.W., and Montemagno, C.D. (2002) Control of a biomolecular motor-powered nanodevice with an engineered chemical switch. *Nat. Mater.*, **1**, 173–177.

Ludwig, W. (1930) Zur theorie der flimmerbewegung. *Zeit. F. Vergl. Physiol.*, **13**, 397–504.

Mavroidis, C., Dubey, A., and Yarmush, M.L. (2004) Molecular machines. *Annu. Rev. Biomed. Eng.*, **6**, 363–395.

Mickler, M., Schleiff, E., and Hugel, T. (2008) From biological towards artificial molecular motors. *Chem. Phys. Chem.*, **9**, 1503–1509.

Moorjani, S.G., Jia, L., Jackson, T.N., and Hancock, W.O. (2003) Lithographically patterned channels spatially segregate kinesin motor activity and effectively guide microtubule movements. *Nano Lett.*, **3**, 633–637.

Muthukrishnan, G., Hutchins, B.M., Williams, M.E., and Hancock, W.O. (2006) Transport of semiconductor nanocrystals by kinesin molecular motors. *Small*, **2**, 626–630.

Noji, H., Yasuda, R., Yoshida, M., and Kinosita, K. (1997) Direct observation of the rotation of F_1-ATPase. *Nature*, **386**, 299–302.

Oiwa, K., and Sakakibara, H. (2005) Recent progress in dynein structure and mechanism. *Curr. Opin. Cell Biol.*, **17**, 98–103.

Okada, Y., and Hirokawa, N. (1999) A processive single-headed motor: kinesin superfamily protein KIF1A. *Science*, **283**, 1152–1157.

Peyer, K.E., Tottori, S., Qiu, F., Zhang, L., and Nelson, B.J. (2013) Magnetic helical micromachines. *Chem. Eur. J.*, **19**, 28–38.

Porter, M.E., and Johnson, K.A. (1989) Dynein structure and function. *Annu. Rev. Cell Biol.*, **5**, 119–151.

Purcell, E.M. (1977) Life at low Reynolds number. *Am. J. Phys.*, **45**, 3–11.

Purcell, E.M. (1997) The efficiency of propulsion by a rotating flagellum. *Proc. Natl. Acad. Sci. U. S. A.*, **94**, 11307–11311.

Samso, M., Radermacher, M., Frank, J., and Koonce, M.P. (1998) Structural characterization of a dynein motor domain. *J. Mol. Biol.*, **276**, 927–937.

Satir, P. (1968) Studies on cilia III. Further studies on the cilium tip and a "sliding filament" model of ciliary motility. *J. Cell Biol.*, **39**, 77–94.

Schliwa, M., and Woehlke, G. (2003) Molecular motors. *Nature*, **422**, 759–765.

Schmidt, C., and Vogel, V. (2010) Molecular shuttles powered by motor proteins: loading and unloading stations for nanocargo integrated into one device. *Lab Chip*, **10**, 2195–

2198.

Schmidt, C., Kim, B., Grabner, H., Ries, J., Kulomaa, M., and Vogel, V. (2012) Tuning the "roadblock" effect in kinesin-based transport. *Nano Lett.*, **12**, 3466–3471.

Sellers, J.R. (1999) Myosins, Oxford University Press, Oxford, U.K.

Sleigh, M.A. (ed.) (1974) Cilia and Flagella, Academic, London.

Sokolov, A., Apodaca, M.N., Bartosz, A., Grzybowskic, A., and Aranson, I.S. (2010) Swimming bacteria power microscopic gears. *Proc. Natl. Acad. Sci. U. S. A.*, **107**, 969–974.

Soong, R.K., Bachand, G.D., Neves, H.P., Olkhovets, A.G., Craighead, H.G., and Montemagno, C.D. (2000) Powering an inorganic nanodevice with a biomolecular motor. *Science*, **290**, 155–158.

Spagnolie, S.E., and Lauga, E. (2011) *Phys. Rev. Lett.*, **106**, 058103-1–058103-4.

Spudich, J.A., and Sivaramakrishnan, S. (2010) Myosin VI: an innovative motor that challenged the swinging lever arm hypothesis. *Nat. Rev. Mol. Cell Biol.*, **11**, 128–137.

Svoboda, K., Schmidt, C.F., Schnapp, B.J., and Block, S.M. (1993) Direct observation of kinesin stepping by optical trapping interferometry. *Nature*, **365**, 721–727.

Taylor, G.I. (1951) Analysis of the swimming of microscopic organisms. *Proc. R. Soc. Lond. Ser. A*, **209**, 447–461.

Turner, L., Ryu, W.S., and Berg, H.C. (2000) Real-time imaging of fluorescent flagellar filaments. *J. Bacteriol.*, **182**, 2793–2801.

Vale, R.D. (2003) The molecular motor toolbox for intracellular transport. *Cell*, **112**, 467–480.

Vale, R.D., and Milligan, R.A. (2000) The way things move: looking under the hood of molecular motor proteins. *Science*, **288**, 88–95.

van den Heuvel, M.G., and Dekker, C. (2007) Motor proteins at work for nanotechnology. *Science*, **317**, 333–336.

Vogel, P.D. (2005) Nature's design of nanomotors. *Eur. J. Pharm. Biopharm.*, **60**, 267–277.

Weber, J., and Senior, A.E. (2003) ATP synthesis driven by proton transport in F_1F_0-ATP synthase. *FEBS Lett.*, **545**, 61–70.

Woehlke, G., and Schliwa, M. (2000) Walking on two heads: the many talents of kinesin. *Nat. Rev. Mol. Cell Biol.*, **1**, 50–58.

Yang, J.T., Laymon, R.A., and Goldstein, L.S. (1989) A three-domain structure of kinesin heavy chain revealed by DNA sequence and microtubule binding analyses. Cell, 56,

879–889.

Yasuda, R., Noji, H., Yoshida, M., Kinosita, K., Jr., and Itoh, H. (2001) Resolution of distinct rotational substeps by submillisecond kinetic analysis of F_1-ATPase. *Nature*, **410**, 898–904.

Yildiz, A., Tomishige, M., Vale, R.D., and Selvin, P.R. (2004) Kinesin walks hand-over-hand. *Science*, **303**, 676–678.

Zhang, L., Peyer, K.E., and Nelson, B.J. (2010) Artificial bacterial flagella for micromanipulation. *Lab Chip*, **10**, 2203–2215.

Zhang, L., Petit, T., Lu, Y., Kratochvil, B., Peyer, K.E., Pei, R., Luo, J., and Nelson, B.J. (2010) Controlled propulsion and cargo transport of rotating nickel nanowires near a patterned solid surface. *ACS Nano*, **4**, 6228–6234.

第3章 分子机器*

在第 2 章中我们介绍了性能优异的生物纳米马达，这也一直是人造分子机器人发展的灵感来源。使用专门设计的分子来执行机械操作是纳米技术最激动人心的领域之一，也是微型化的终极限制。对人造分子机器领域的评论，可以参考 Balzani 等人 (2000)，Kottas 等人 (2005)，Browne 和 Feringa(2006)，Kay，Leigh 和 Zerbetto(2006) 以及 Balzani，Credi，和 Venturi(2008a) 等人发表的论文。分子机器可以被视为由许多离散分子组件组装而来 (即一种超分子结构)，在适当的外部刺激诱导下通过组件的机械运动来执行特定的功能 (Credi，2006)。在宏观尺度上，机器工作时，其各组件的相对位置也会发生变化。分子机器与此十分类似。

二十年来，由外界触发及控制的分子运动及形变受到了人们的极大关注。然而，模仿自然界中复杂的蛋白质马达 (如第 2 章中介绍的驱动蛋白或肌球蛋白等) 的运动，以实现分子级的运动，仍是一个重大的挑战。与具有非常复杂系统的天然分子马达不同，人造分子马达系统简单，仅由少许分子组分构成。这些人造分子级系统有可能在比传统的微型执行器小得多的尺度内提供有效的驱动。

为了使分子机器工作，必须给它们的马达供能。近年来 (Balzani et al.，2000; Kottas et al.，2005; Yang et al.，2012) 已发展了各种方法来通过外部输入控制分子尺度下的运动。这些方法通常利用由温度、光、氧化还原电位或可逆化学键合触发的两种状态之间的构象变化来实现。例如，与人造表面结合的分子转子可接受外部能量，将其转换成旋转的机械能，并用其完成有用的工作。得益于分子动力学模拟的理论指导，并借助有机化学合成方法，科学家已经制备出能够模仿不同机械装置功能的分子。这些分子机器是在超分子化学的指导下通过分子自下而上组装的方法制备的，大部分是带有碳、氢和氮原子，偶尔还有金属离子的有机化合物。合成分子马达的不同构象间的切换可作为信息存储、处理以及二进制系统计算机逻辑电路的基础。例如，功能化索烃或轮烷的可控运动在设计具有电子、信息、机械或传

---

*2016 年诺贝尔化学奖授予让–皮埃尔 • 索瓦日 (Jean Pierre Souvage)、弗雷泽 • 斯托达特 (J.Fraser Stoddart)、伯纳德 • 费林加 (Bernard L. Feringa) 这三位科学家，以表彰他们在分子机器设计与合成领域的贡献。

感功能的分子装置上拥有巨大的前景。据知名纳米技术专家 Eric Drexler 介绍，纳米技术的最终目标是生产出能够在原子尺度上操纵物质的“组装者 (assembler)”。这种“组装者”将由非常小的“镊子”(和一串原子的大小差不多) 组成。这种镊子能够将原子从现存的分子上移动到新的纳米结构上。

1959 年 Richard Feynman 在他著名的演讲《在底部大有可为》首次提出了分子尺度的机器这个概念。Feynman 在演讲中提道：“建造分子机器的可能性有多大？…… 一种分子大小的内燃机是不可能的。但是可以用其他在低温下释放能量的化学反应来代替。…… 润滑可能不是必需的; 轴承可以在干燥状态下运行; 它们不会运行过热，因为热量能非常迅速地从这样小的装置逸出 ……”

本章将讨论产生分子级运动和设计分子机器的各种策略。分子机器是尺寸非常小的器件，仅有几纳米大小。由于在这个尺度上惯性可以忽略，它们的操作必须克服环境中的热噪声。这样的机器由分子组分构成，但却与宏观尺度下常用的大型机器，如齿轮或螺旋桨，有惊人的相似性。过去十年来的大量研究表明，设计和制造能够响应外界刺激 (如光或 pH) 并在不同状态之间循环的分子级系统是可能的，文献中也已报道了多种刺激–触发型分子开关。这些分子马达可以模仿由蛋白质和核酸构成的生物马达，在两个或更多个相对稳定的构象之间可逆地切换。

与宏观机器类似，分子机器的运行也需要能量。例如，我们将在 3.1 节介绍基于轮烷 (rotaxane)、类轮烷 (pseudorotaxane) 和索烃 (atenane) 结构的分子系统，其各组件在外部电化学、光化学或化学刺激下可以在轴上发生相对位移。其他的例子还包括 DNA 步行者、pH 敏镊子、光切换偶氮苯推进器以及分子汽车等。虽然在分子机器的设计原理上我们已经取得了显著进步，理解也不断深入，但是进一步提高分子机器结构的复杂性，并且将这些纳米器件投入到实际技术应用中，仍然是一个巨大的挑战 (Balzani，Credi，and Venturi，2009)。为此，我们需要克服控制分子机器的关键困难：控制其方向性，使其能沿着预先设定的轨迹运行，并且能够长时间进行重复性运动。

3.1 应激响应型轮烷、类轮烷以及索烃纳米机器人

基于轮烷、类轮烷以及索烃结构的联锁分子系统可因外界刺激可逆地循环变化，因而作为分子机器的组件具有巨大的潜力。这种人造分子开关通常依赖于其

互锁部件响应外部输入从而发生相对位置的可逆变化。过去十几年来这些互锁体系取得了显著的进步，这得益于使用非共价键来有效组装互锁结构，即不需任何共价键，就能使至少两个分子组件互相机械缠绕。最简单的分子机器可由类轮烷构成。在外部刺激下引发的线与环的插塞和解离使我们联想到活塞在气缸中的运动 (图 3.1)。类轮烷能够可逆地分解成自由环型主体和自由线型客体，完成插塞/解离运动。这是一个超分子复合物解离成游离组分并在适当的刺激下组装回超分子结构的例子。与轮烷不同 (下文讨论)，类轮烷的线性组分没有庞大的端基，从而可实现大环分子的插塞和解离运动 (图 3.1)。因此，类轮烷可作为轮烷的前驱体 (下面讨论)。图 3.2 展示了一个仅由偶氮苯线的顺–反光致异构反应驱动的光致解离

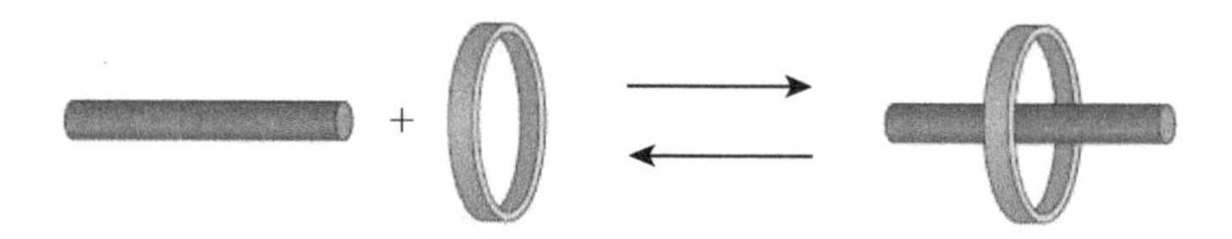

图 3.1　类轮烷分子机器。类轮烷分子线环组件的插塞–解离平衡 (经许可转载自 Balzani，Credi，and Venturi，2009)

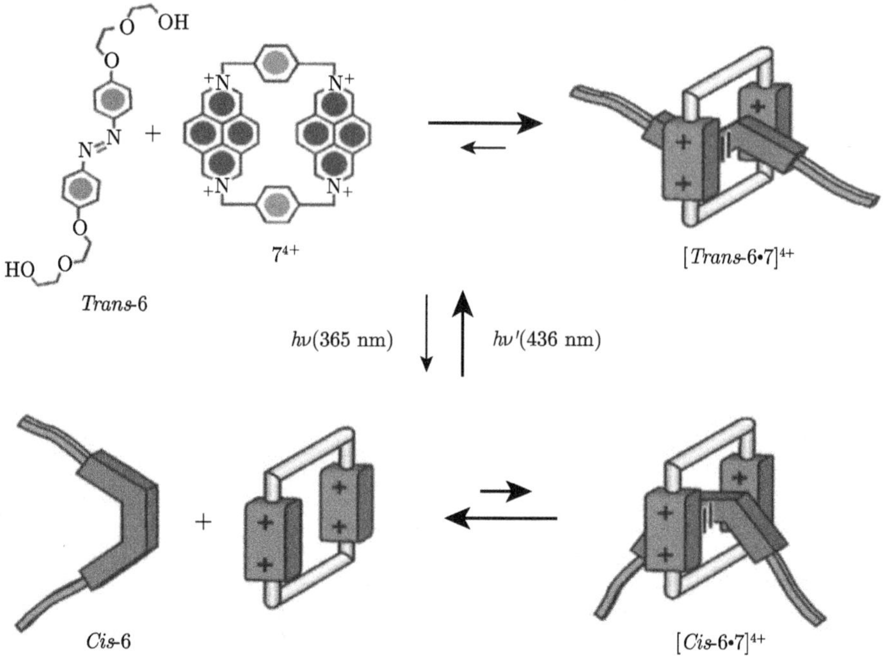

图 3.2　类轮烷基于偶氮苯线的顺–反光致异构的可控解离/蒂合 (经许可转载自 Balzani et al.，2001)

与蒂合系统 (Balzani et al., 2001)。在 3.3 节中我们将讨论这种光致异构化的具体过程。另外，还可以将线或环组件固定在合适的固体支架上 (图 3.3)，用于在表面上以单体或阵列形式操纵类轮烷机器 (Balzani，Credi，and Venturi，2008b)。

能够平移运动的分子机器主要基于轮烷 (Anelli，Spencer，and Stoddart，1991；Balzani，Credi，and Venturi，2008a；Tian and Wang，2006；Yang et al.，2012)。与稍后要详细讨论的索烃一样，轮烷是典型的互锁分子。轮烷的名字 (rotaxane) 来自拉丁语轮 (*rota*) 和轴 (*axis*)。图 3.4a 和 3.4b 展示了这种分子系统中最简单的一种：一个大环化合物 (即 "环" 或 "轮") 嵌套在哑铃形组件上，哑铃的两端有两个大的封端基团 ("塞子") 封闭，以防止环从轴上脱离。大环组件嵌套在哑铃的杆状部分，从而被限制 (锁) 在哑铃分子的长链上，并沿轴移动。因为含有一个转子和一个轴，轮烷被认为是分子机器的典型原型。虽然其组装通常基于有机化学，Ackerman 等却在 2010 年组装和表征了一种哑铃形分子和大环均由双链 DNA 组成的轮烷。他们使用交叉 DNA 环作为塞子来阻止其中 DNA 大环化合物的解离，从而制备了稳定的轮烷。

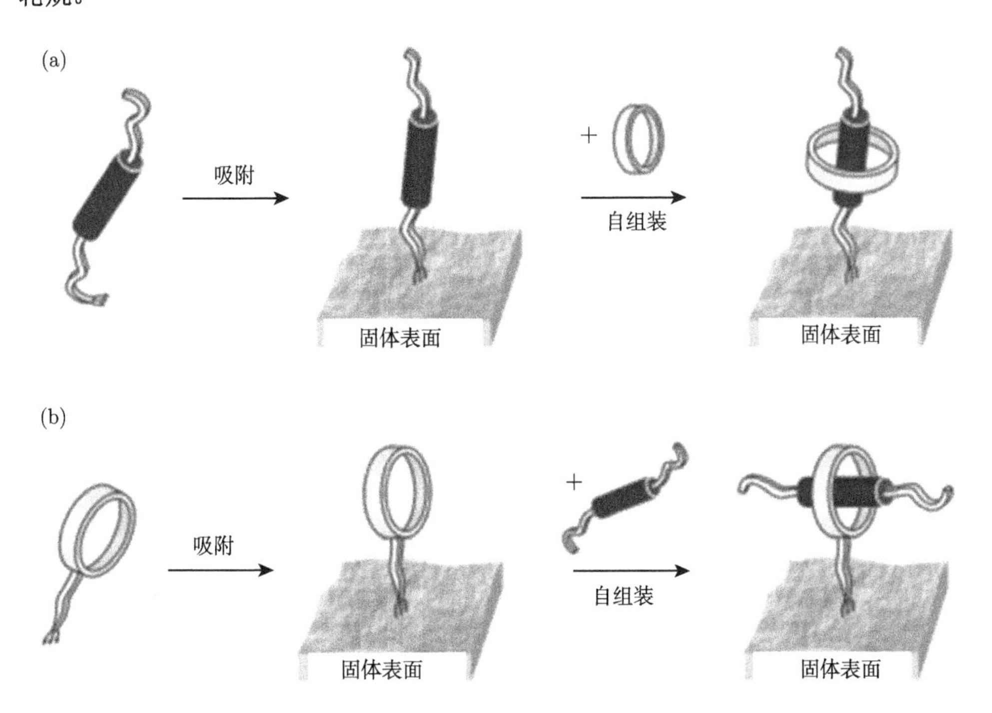

图 3.3 固体表面通过接枝 (a) 线或 (b) 大圆环实现上类轮烷的自组装 (经许可转载自 Balzani，Credi，and Venturi，2008b)

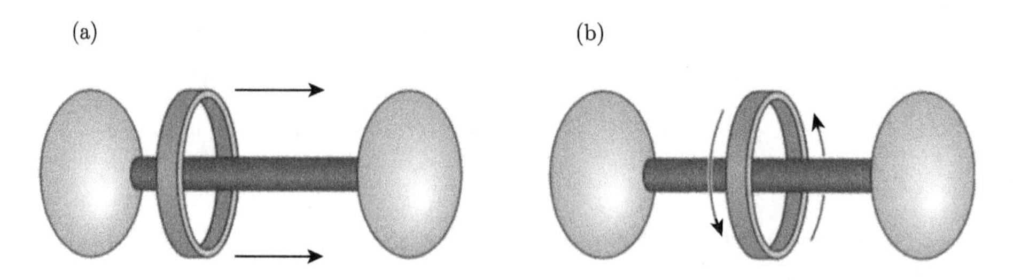

图 3.4　轮烷分子机器：大环组件套在有两个大取代基的线性分子上。(a) 大环在哑铃轴上移动；(b) 大环在轴上旋转 (经许可转载自 Balzani et al.，2009)

轮烷的机械联锁部件可以发生大幅的相对运动，这是纳米机械零部件设计的典型特点。因此轮烷的机械行为通过大环组件在线“轴”上两个位置 (“位点”) 间的往复运动得以实现。在轴线上由一点向另一点的滑移构成了分子梭的原型。因此，可切换的轮烷代表了具有分子机器基本特征的最简单的体系。

基本的分子梭可以由大环分子的刺激–诱导运动产生，即大环分子在哑铃上从最初的有利“位点”移动到第二个“位点”。这种在哑铃状分子上包含两个可识别位点的双位点轮烷，通过相反的刺激，其大环分子可在两个位点间切换位置 (图 3.5)，从而可作为一种可控分子梭。因此，增加易于从外部控制，并具有电活性或光活性的可识别位点是很有帮助的。当这些识别位点不同时，轮烷可以以两种不同的平衡共构型存在 (Balzani et al.，2000)。触发轮烷切换状态的外部刺激主要是通过削弱使这些状态稳固的结合力来实现的 (Tian and Wang，2006)。因此，选择什么类型的外界刺激，取决于结合力的性质。很多种刺激都可以用来调整环的结合性质，并控制其在哑铃上的位置以及在两位点间的可逆运动 (Tian and Wang，2006)，包括光 (Brouwer et al.，2001；Perez et al.，2004)、pH(Frankfort and Sohlberg，2003) 或改变或氧化还原化学过程 (Alteri et al.，2003；Ashton et al.，1998)。例如，Ashton 等人 (1998) 描述了一种具有两种不同识别位点的酸碱可控轮烷分子梭，其胺中心的去质子化引发了一个二苯并大环冠醚的位移。Leigh，Wurpell 及其同事 (Brouwer et al.，2001) 开发了一种可逆的激光诱导的氢键轮烷分子梭。激光脉冲引发的光致激发导致了大环分子在两位点间的运动。

以上介绍的双位点轮烷可表现出二元逻辑行为，因此可用于信息处理。在外界信号诱导下，分子组件在两个不同状态之间的穿梭与计算机中“0”和“1”状态一样，控制大环结构的位置使得轮烷可作为分子计算机的交换器，大环结构每个可能的位置对应于不同的状态，因而这种分子机器可被看作是信息存储的基本单元。由于其独特的结构，大环还可以像轮轴一样围绕哑铃轴旋转 (图 3.4b)。因此，轮烷是设计旋转式分子马达及线性分子马达的良好原型。穿梭轮烷这种可在不同状态间来回切换的能力在分子机器和分子装置的制造上拥有巨大的前景。同时我们也应注意，未来基于轮烷的纳米电机及纳米电子器件需要这些双稳分子结构间能够实现完全可逆的转换。

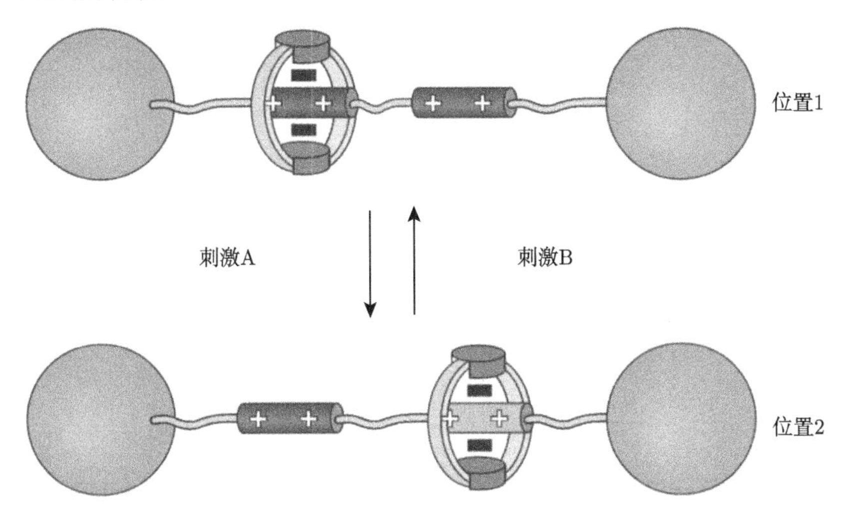

图 3.5 基于哑铃状分子结构上两个可识别位点的双位点轮烷分子梭：大环的刺激诱导运动，从最初的有利 "位点" 移动到第二个 "位点"(经许可转载自 Balzani et al., 2000)

Fraser Stoddart 和他的同事在 2004 年设计出基于轮烷的酸碱可切换式纳米级电梯 (Badjic et al., 2004, 2006)。分子电梯起源于分子梭，这是一种退化的两位点[2]轮烷，其环形部件优先嵌套在 "线" 部分的两个识别位点中的一个上 (图 3.6)。分子电梯结构复杂，在适当的外部刺激下可表现出良好的机械运动。在这个分子电梯中，三个大环呈三角形与中央 "地板" 键合并组成一个圈形的电梯平台，这个平台可以停止在两个不同的水平面上 (即轮烷上的两个位点)。因为这些位点的电荷对 pH 的变化很敏感，故而可以通过添加酸或碱来实现这个平台在两个层面之间的移动 (每次移动 0.7 nm)，而酸碱反应也因此为电梯的上下移动提供了所需的能量。

Stoddart 的小组还将轮烷组装成了人造肌肉 (Liu et al., 2005)，这种人造肌肉表现出对天然肌肉的独特仿生，能够施加高达约 30 pN 的力来做功。Giuseppone

的团队描述了一种类似肌肉的金属分子聚合物，与肌细胞中分层组织的肌球蛋白和肌动蛋白丝的作用类似，解决了将人造分子机器的运动放大到宏观尺度的问题 (Du et al.，2012)。在这一体系中，数以千计的双螺旋轮烷分子沿着单一聚合物链耦合，从而在介观尺度将它们的单一运动整合起来。pH 调节引发轮烷分子的收缩或扩张，不同分子之间协调合作，导致超分子聚合物链的平移被大大放大，使其链长能够变化几个微米。近年来还报道了被限制在表面的轮烷系统的触发机械运动 (Coronado，Gaviña，and Tatay，2009)。其中一种很有前景的方法是将轮烷通过自组装硫醇单分子层以共价键键合至金表面，并通过电化学方法引发轮烷的分子运动。

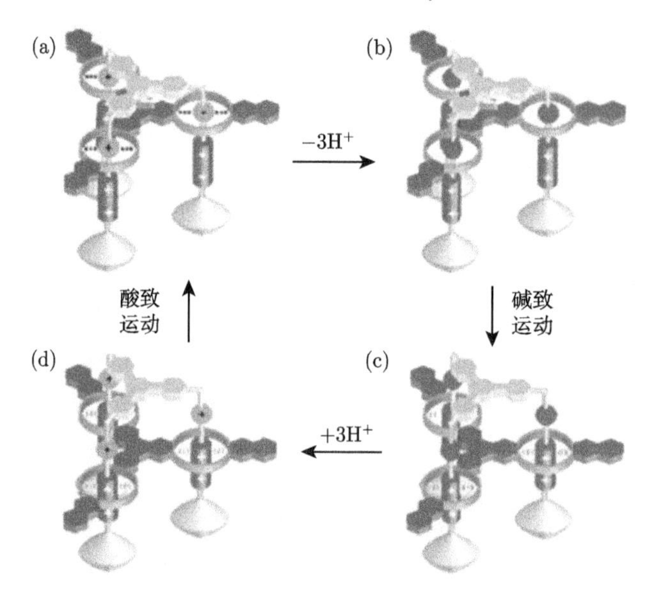

图 3.6　基于多组分轮烷系统的分子电梯。一个平台与三个轮烷单元结合。三个轮烷单元的酸碱可控转换 (a—d) 导致平台相对于轮烷腿结构的相对位移，作为分子电梯运行 (经许可转载自 Badjic et al.，2006)

索烃由两个或多个互锁的大环组成，每个大环都可以旋转 (图 3.7)。这些环物理连接 (为了阻止它们的解离)，而并不是由共价键连接的 (Hernandez，Kay，and Leigh，2004)。索烃的链环可以是纯有机大环，也可以是金属大环，即在大环化合物中包含过渡金属离子。当两个环都相同时，该分子是同环索烃；而当环不同时，称为异环索烃。最简单的索烃含有两个互锁的环，叫做 [2]–索烃。

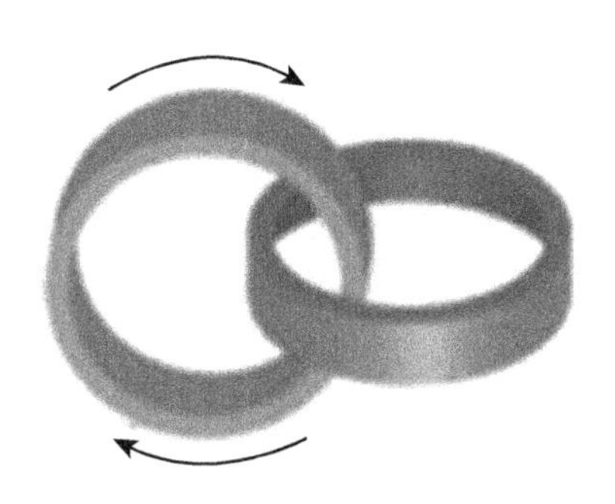

图 3.7　索烃分子机器。由两个非共价结合的互锁大环组成的简单索烃的相对运动 (经许可转载自 Semeraro，Silvi，and Credi，2008)

类似于轮烷，可利用索烃的动力学特性设计分子系统，其中一个组分 (环) 设计为在外部信号的作用下运动，第二环设置为固定不动。因此通过光化学、化学或电化学输入可以迫使两个环中的一个环绕另一个旋转。例如，当两个环中的一个带有两个不同的识别位点，就有可能控制其动态过程使其表现出与可控分子梭类似的行为 (图 3.8)。我们可以使用外部刺激来开关其中一个可识别位点，进而引发

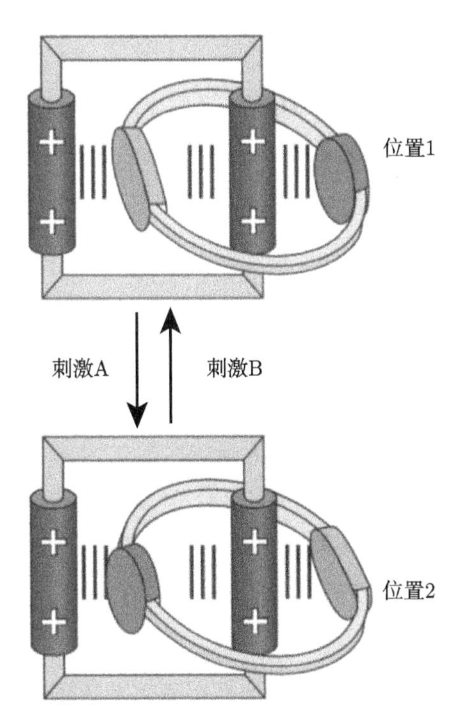

图 3.8　索烃型旋转马达。索烃的两种共构象，通过合适的刺激打开或者关闭两个识别位点中的一个，从而在两个不同识别位点间互相交换 (经许可转载自 Balzani et al.，2000)

构象变化。这可以通过质子化/去质子化或金属离子络合/解络过程来实现 (Balzani et al., 2000)。例如，Leigh 等人 (2003) 描述了在刺激诱导下 [2]- 索烃大环上三个不同结合点之间的定向逐步旋转运动。Asakawa 等人 (1998) 描述了通过氧化还原来控制索烃 74+ 环的旋转。这种索烃带有一个非对称环，包含两个不同电子施主单元，即一个四硫富瓦烯 (TTF) 和一个 1，5–二氧代萘 (DON) 单元，它们具有不同的氧化还原性质。因此，TTF 环体系的可逆氧化/还原反应就可以用来诱导分子构象变化及两种 “同分异构体” 间的转换。

3.2　分子旋转马达

设计一种将能量转化为可控旋转运动的高效旋转分子马达，是一个重大的挑战。这种分子机器的成功实现需要满足各种条件：(a) 重复的 360° 旋转，(b) 可控的方向性，和 (c) 低能量消耗 (Browne and Feringa，2006; Kottas et al.，2005)。与分子开关不同，旋转马达在系统上重复并逐步运行。许多团队报道了通过使用光和化学能源在分子尺度上实现旋转运动 (Browne and Feringa，2006；Michl and Sykes，2009)。在这些能源供给下，这些分子以定向旋转马达的方式运行。

Koumura，Feringa，以及他们在格罗宁根大学的同事 (Koumura et al.，1999) 在 1999 年报道了一个手性螺旋烯烃围绕其中心碳–碳双键重复的单向旋转，而每个 360° 旋转都由通过紫外线或系统温度变化激活的四个异构反应组成。同一个荷兰小组的 van Delden 等人，还报道了一种附着在金纳米颗粒表面的能够重复单向旋转的光驱分子马达 (van Delden et al.，2005)。

Kelly 等人在 1999 年实现了首个合理设计的旋转马达的原理验证，该旋转分子马达利用化学能激活并偏置 (bias) 了热诱导的异构化反应，从而实现了分子内的单向旋转运动 (Kelly，De Silva，and Silva，1999)。Fletcher 等人 (2005) 描述了一种由化学转化提供能量的分子旋转马达，这种马达中苯基转子相对于由碳–碳单键连接的萘基定子运动。Dahl 和 Branchaud(2004) 描述了一种能够单向键旋转的功能化手性联芳烃的合成与表征。

分子转子能够改变方向，这对于设计具有适应性功能行为的机械分子系统是必不可少的。Feringa 的团队设计了一种可多级控制旋转运动的分子马达，其光驱动旋转的方向可以通过碱催化差向异构化反转 (epimerization) 实现 (Ruangsupapichat et al.，2011)。同一个荷兰小组 (Wang and Feringa，2011) 通过将马达和催化功能相结合，创造了一种能够在催化不对称加成反应中动态控制手性空间的旋转马达 (图 3.9)。这个马达由通过烯烃作为轴连接起来的转子和定子组成。Klok 等人 (2008) 展示了一种基于环戊烷的分子旋转马达，其受到的空间位阻小，因而能极快地单向旋转，在环境温度下可达到 MHz 的旋转频率 (图 3.10)。Hla 及其同事描述了一种在金表面的分子马达，通过使用扫描隧道显微镜尖端的电子可以让这种分子马达沿顺时针或逆时针方向旋转 (Perera et al.，2013)。这种分子转子由用于垂直定位的

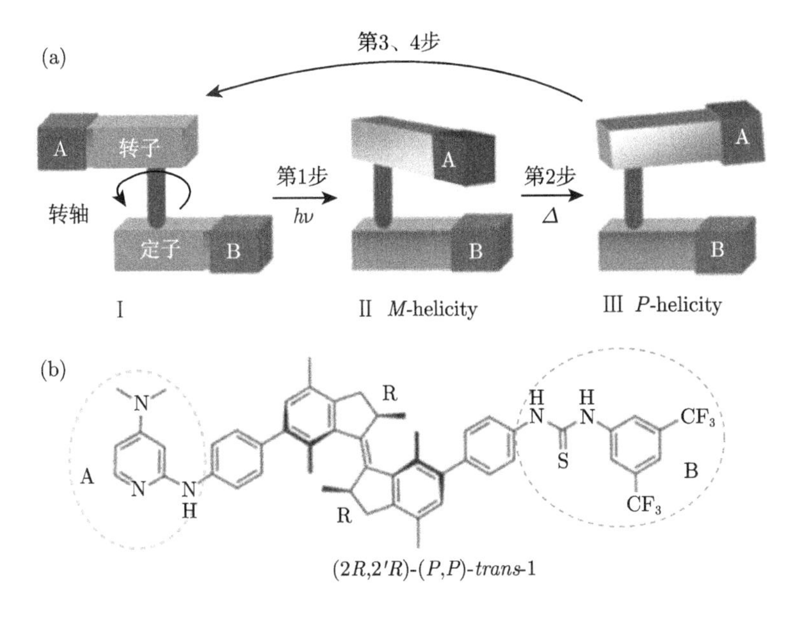

图 3.9 分子旋转马达：将单向旋转与催化功能耦合起来。图示为集成的单向光驱分子马达与双官能团有机催化剂 (a) 及 (2R,2R)-(P,P)- 反式 -1 分子结构 (b) (经许可转载自 Wang and Feringa，2011)

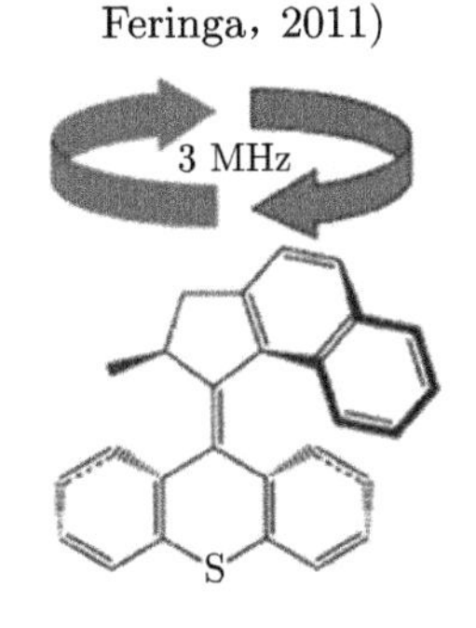

图 3.10 3 MHz 单向旋转的光驱分子马达 (经许可转载自 Klok et al.，2008)

三脚架定子，用于可控旋转的五臂转子，以及一个连接静态和旋转部分的钌原子球轴承三部分组成。

3.3　基于顺反异构化的光驱动分子机器

基于—N=N—，—C=N—或 —C=C—等双键的顺–反光异构化反应对于制备光驱分子机器来说非常具有吸引力。这样的光驱动异构化过程能够导致分子的结构变化，通过合适的设计，可以在分子系统中引发大幅运动。

3.3.1　偶氮苯类纳米机器

偶氮苯 (1，2- 二苯基联二氮烯) 是一种虽然小但很神奇的有机分子，在光照下可以发生结构变化并运动 (图 3.11)。由于其分子结构和光谱都相对简单，它是迄今为止研究得最多的光切换分子机器。偶氮苯分子可以以两种形式存在：反式 (图 3.11 左)，大的基团分布在偶氮键的两侧，和顺式 (图 3.11 右)，苯基在双偶氮键的同一侧，因而构象发生了弯曲。偶氮苯的反式异构体比顺式更稳定，因此反式是平衡状态时的主要形式。通过照射各种波长的光，偶氮苯分子可以在顺式和反式结构之间可逆地循环转换 (Beharry and Woolley，2011)。而在顺式和反式之间切换会使庞大的基团靠近或分开 (图 3.11)。这两种形式之间的可逆光转化对波长很敏感，因而可以通过使用长波长 (~450 nm) 的光来完成从顺式到反式的转化，而使用短波长 (~360 nm) 则发生相反的过程。这种转换通过激发态发生：取决于波长，处于顺式或反式状态的分子从单电子基态被激发到激发单态。光异构化反应还具有量子效率高和光漂白低的特点。偶氮苯的这种光致异构化已被广泛用于控制各种分子过程，包括体外及细胞提取物中的蛋白质或核酸等生物分子的光控 (Beharry and Woolley，2011)。

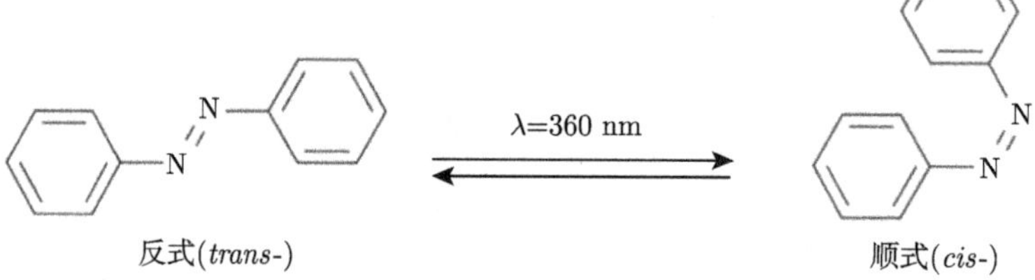

图 3.11　偶氮苯的光致异构化：顺式和反式间的转化 (经许可转载自 Ji et al.，2004)

偶氮苯的反式–顺式光致异构化为各种各样的功能材料和器件奠定了基础。含有偶氮苯的聚合物链光异构化过程可以做机械功，而基于偶氮苯单元的光致异构化的各类分子机器也已经在文献中屡见不鲜。例如，Gaub 及其同事 (Hugel et al.，2002) 描述了一种关于带有偶氮苯单元聚合物的光驱动分子机器。偶氮基团在较长的反式和较短的顺式构型间的切换使聚合物在外力下发生可逆的收缩 (图 3.12)。通过硫醇键将偶氮苯分子马达固定在微悬臂的金表面，其光化学异构化也可用于反复的弯曲微悬臂 (Ji et al.，2004)。在这种情况下，拴在悬臂上的分子的尺寸在光化学下发生变化，所产生的表面应力导致了悬臂的弯曲。Ferri 等人通过交替光照，在硫醇化的偶氮苯单分子层上，实现了一个汞液滴的可逆光化学诱导的上升及下降 (Ferri et al.，2008)。偶氮苯分子系统能够从相对长而直的分子可逆切换到紧凑和弯曲的结构，这为制造基于薄膜中产力分子的新型器件铺平了道路。

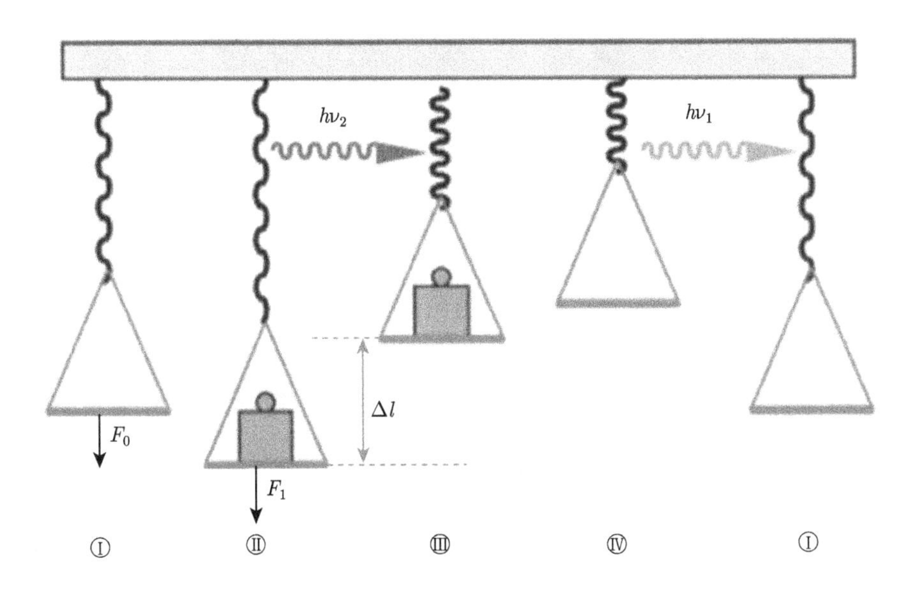

图 3.12 利用结合了偶氮苯分子的单个高分子链的光异构化引发机械功。图示为具有偶氮苯结构的高分子单元从短构象向长构象转换的运作周期。在合适的光频率 ν_1 及 ν_2 下，偶氮苯经历从反式到顺式的异构化，使物体受到力 (F) 并发生位移 (Δl)(经许可转载自 Hugel et al.，2002)

3.4 纳米汽车

莱斯大学的 James Tour 课题组最先提出了分子纳米汽车这个概念。纳米汽车与传统汽车相似，有底盘、车轴和球形的轮子 (Shirai et al.，2005; Vives and Tour，2009; Joachim and Rapenne，2013)。人们已经能够制备出在金表面上做定向纳米级滚动的纳米汽车，这种汽车的纳米车轮是球形的富勒烯 (C_{60})，而其自由旋转车轴则由炔烃组成 (图 3.13)。不同于常见的分子在基底表面上做无定向黏滑运动，这项工作是首例由车轮滚动而形成结构上的可控定向运动，因此是分子机器领域的一项重要的成就和进展。金属表面的纳米汽车可以通过扫描隧道显微镜 (STM) 观察到，在非导电玻璃表面则需通过单分子荧光显微镜 (SMFM) 成像。制备分子汽车需要用到多步有机化学反应。例如，图 3.13 中所示的基于低聚 (亚苯基乙炔)(OPE) 的汽车底盘就是采用多重耦合反应逐步合成的。再通过原位乙炔化方法将四个 C_{60} 富勒烯轮子与底盘结合，一辆纳米汽车就做好了。

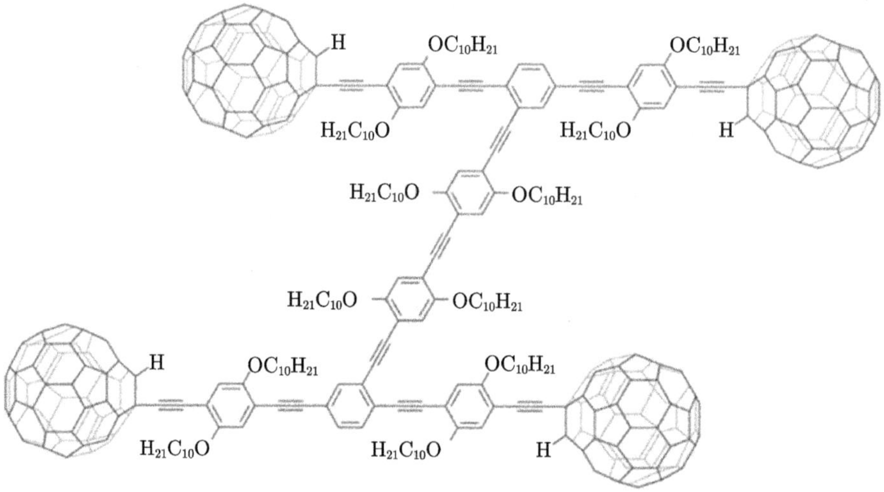

图 3.13　纳米汽车的化学结构，由一个刚性底盘和耦合在其上面用作分子车轮的四个球形 (C_{60}) 富勒烯组成 (经许可转载自 Shirai et al.，2005)

这些纳米汽车的底盘和车轮与汽车下方的底面之间的相互作用对操控分子汽车来说十分关键。第一代的纳米汽车的轮子是基于 C_{60} 的。这些碳基富勒烯因为具有像汽车轮子一样完美的球形结构而被选作为分子车轮，它似乎特别适合在表面上滚动，因此能够像轮子一样滚动前进。然而，富勒烯溶解度很低，合成困难，这使得其应用有些棘手 (Morin et al., 2007)。此外，富勒烯车轮还能抑制光驱动纳米汽车中涉及的光异构化过程。有鉴于此，包括碳硼烷 (carborane)、三蝶烯 (triptycene) 和有机金属配合物在内的其他类型的分子轮被认为有望替代富勒烯 (Morin et al., 2007; Akimov and Kolomeisky, 2012; Joachim and Rapenne, 2013)。例如，碳硼烷车轮也是球形的，可以沿单键做对称旋转，并且可以用于光驱运动。即便如此，富勒烯仍因其高度对称性和重要的物理/化学性质而成为如今最受欢迎的选择。

许多种类的能量都可用于驱动纳米汽车在表面上可控运动。这种四轮分子体系的一个重要特性是能够在特定条件下沿特定方向移动。在 STM(扫描隧道显微镜) 实验中，当 STM 的尖端将分子推向朝前的方向时，人们观察到纳米汽车在该方向上发生了明显的平移 (Kudernac et al., 2011; Akimov and Kolomeisky, 2012; Joachim and Rapenne, 2013)。这种 STM 操控还可以使分子轮产生顺时针或逆时针的旋转。例如，Feringa 团队 (Kudernac et al., 2011) 使用了来自 STM 尖端的隧穿电流作为能量源使单分子汽车在铜表面移动。STM 证实，非弹性电子隧道效应激活了转子的构象变化，从而推动分子在 Cu(111) 表面的单向运动。他们通过 10 个激发步骤 (每一步 500 mV 的电压脉冲) 引起了转子的构象变化，从而使其通过“桨轮状”的运动在表面上移动了 6 nm。这种技术有助于实现未来人造纳米运输车的定向平移。Morin 等人也介绍了一种光驱动定向分子马达的合成 (Morin, Shirai, and Tour, 2006)。这种纳米汽车中心部分为一个光驱分子马达，能沿着基板表面以“桨轮状”方式前进 (图 3.14)。Tour 和同事们还合成了包括“纳米卡车”和“纳米挖掘机”在内的其他的纳米汽车。

Kelly 等人 (1994) 使用了一种可与 Hg^{2+} 离子可逆螯合的分子来限制分子机器沿单键的旋转，从而构建了一个分子“刹车”。刹车与远处的金属离子发生配位，引发的构象变化能可逆地停止分子齿轮的旋转。Feringa 课题组在 1997 年也设计了一种与 Kelly 等人的系统类似的分子刹车。他们利用分子顺式和反式异构体旋转速率不同，通过顺式和反式异构反应改变附近基团的位置，从而改变了旋转速率 (Schoevaars et al., 1997)。

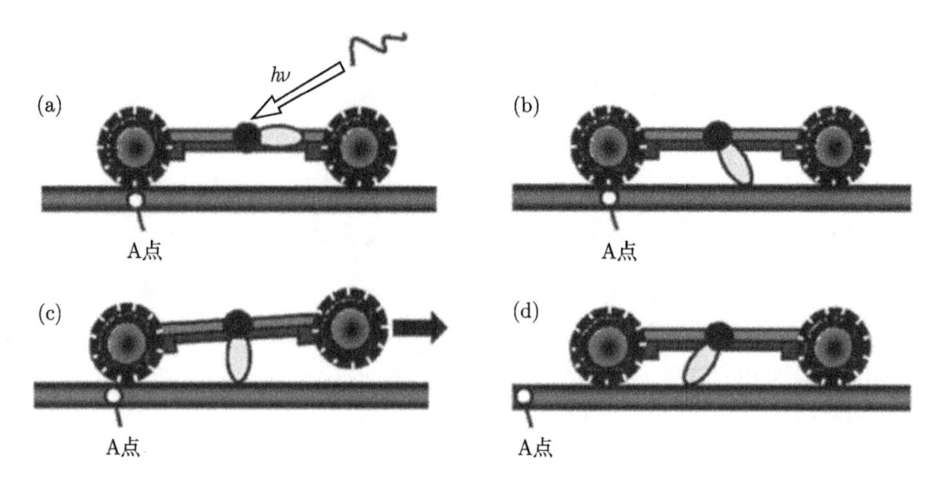

图 3.14　光驱分子马达。纳米汽车的推进机理，其中 (a)365 nm 的光照射到处于加热 (至少 65°C) 基板上的马达；(b) 使马达旋转；(c) 并扫过表面；(d) 从而推动纳米汽车前进 (经许可转载自 Morin，Shirai，and Tour，2006)

3.5　DNA 纳米机器

利用遗传物质 DNA 可以制作微小的可调镊子、三足式脱氧核糖核酸步行者和能独立移动的蜘蛛等各种各样的分子机器。该领域的发展近年来吸引了大量研究人员的目光 (Seeman，2005; Bath and Turberfield，2007; Beissenhirtz and Willner，2006)。通过使用 Watson-Crick 碱基配对 (即两条互补链之间的杂化 (hybridization))，可以在器件的不同状态间切换，从而实现 DNA 可控的机械操作和在纳米尺度的运动。DNA 可以基于在双螺旋组装过程中的链相互作用而以高度可控的方式改变其结构。此外，DNA 能够响应各种外部刺激而在两个分子构象之间转化，这也可以用于设计 DNA 机器。

要理解核酸纳米机器，我们首先需要对 DNA 的结构和功能有基本的了解 (Campbell and Farrell，2011)。DNA 的独特功能来源于其组成、结构和物理化学性质 (Beissenhirtz and Willner，2006)。DNA 是一种被称为多核苷酸的生物聚合物，其重复的核苷酸单体单元由脱氧核糖、磷酸基团和四个含氮的核酸碱基 (胞嘧啶 [C]，胸腺嘧啶 [T]，腺嘌呤 [A]，鸟嘌呤 [G]) 中的一个组成。核酸碱基排列组成了 DNA 单链，而核酸碱基列之间则通过互补碱基对之间的氢键 (C—G 和 A—T) 杂化形成稳定的双链结构。因此，通过短链 DNA 的碱基序列，就可以轻易地控制短链之间的相互作用。这种在 DNA 中的 Watson-Crick 碱基配对机制的特异性不仅为遗传提供了化学基础，而且还能以可预测的方式控制 DNA 分子的构造。纳米机器的发展也主要归功于此 (Seeman，2005)。尤为重要的是，DNA 中的碱基序列使得在纳米尺度下精确控制超分子结构的识别和自组装成为可能。因此，可以利用 DNA 这种独特的分子识别特性、可编程性和自组装功能来创造不同的 DNA 机器，并使其在几种不同的构象之间可逆切换。近年来基于 DNA 的分子机器的快速发展正是得益于这种神奇的信息载体材料的非凡特性，以及其精确的可编程自组装能力和多样化的结构模式。相比起其他分子机器，DNA 机器设计合理，结构简单，运动控制也容易调节。

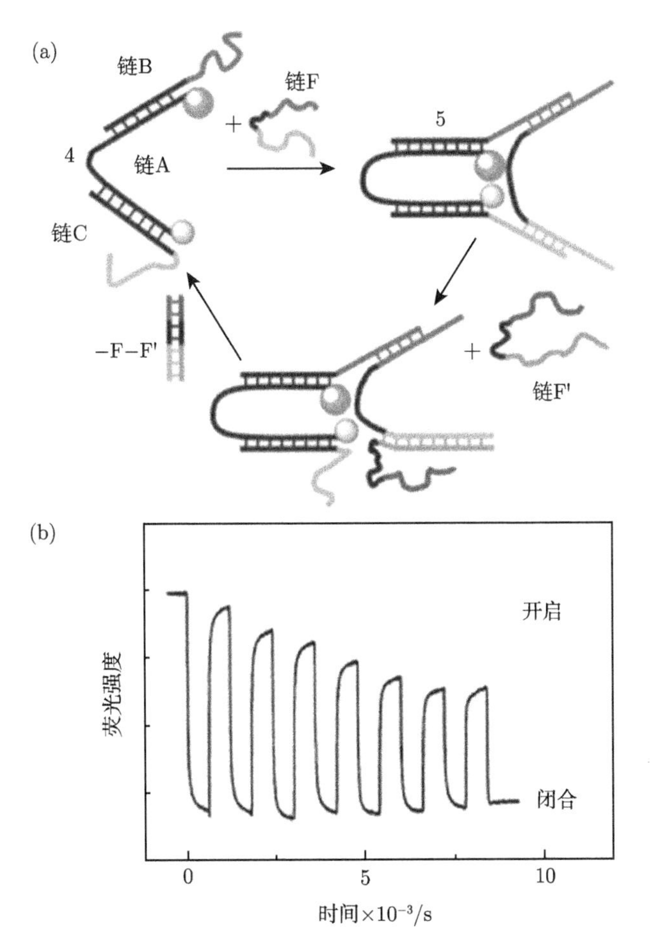

图 3.15 (a) 由核酸杂交驱动的 DNA 基镊子；(b)DNA 镊子如 (a) 所示的循环打开和关闭所对应的荧光光谱 (经许可转载自 Yurke et al.，2000)

在过去十年中，文献中报道了许多能执行机械操作的 DNA 纳米结构。这些 DNA 结构通过模仿“齿轮”、“步行者 (Walkers)”或“镊子”来模拟“机器”的功能，并创造了多种多样的独特机遇。这种核酸纳米结构可以用来响应分子或环境信号 (pH、光等) 从而在两种状态之间切换。例如，DNA 器件在刺激下可以打开和关闭，这可用来改变许多种与之相接的功能基团的相对取向。DNA 纳米马达通常由几条 DNA 链的自组装而成，并能产生扭转或开合运动。这些纳米马达多基于相互竞争的杂交机制，并需要通过被称为“燃料”和“反燃料”的互补 DNA 链来实现。这样的“燃料”链能使先前柔软的链硬化。尽管 DNA 机器近年来取得了显著的进展，但还处于研究的早期阶段，没有天然蛋白质马达那样高效和有力。

例如，Yurke 等人 (2000) 的早期工作描述了一种基于可逆杂交的“镊子”一样的 DNA 机器，这种机器可通过添加辅助“燃料”链来关闭和打开。图 3.15 所示的 V 型核酸系统是由三种不同寡核苷酸链、两种“刚性”链和连接它们的柔性铰链杂交而来。当添加“燃料”链时，DNA 机器打开；而添加“反燃料”链时，通过其与悬挂在镊子臂末端的单链 DNA 结合使镊子的双臂闭合。这种 DNA 燃料可用于精确控制在纳米尺度上的运动。Seeman 小组的后续工作展示了一种基于 DNA 的旋转纳米机械装置，当添加与其结构互补的链时，这种装置的结构能够发生变化，从而循环运转起来 (Yan et al.，2002)。

受蛋白质步行者 (如驱动蛋白) 的启发，研究人员已投入了大量的工作来开发基于 DNA 的步行分子装置 (Omabegho，Sha，and Seeman，2009；Sherman and Seeman，2004；Shin and Pierce，2004；Yin et al.，2004)。实现这样的定向步进运动是 DNA 基机器所面临的关键挑战之一。Shin 和 Pierce(2004) 受驱动蛋白沿微管运动的启发，展示了一种步进的双足 DNA 步行者。该“步行者”由两条部分互补的核酸链组成，两条单链像两条腿一样组装成双链体。在外部控制的 DNA“燃料”链条的驱动下，步行者通过使后脚往前走变为前脚 (图 3.16)，以每步 5 nm 的步幅移动。每走一步都需要连续添加两条“指令”链，第一条链将后脚从轨道上抬起，而第二条链将其置于另一只脚前。DNA 马达“步行者”沿着由六个寡核苷酸构成的核酸轨道移动，并在整个运行过程中始终附着在轨道上。纽约大学的 Sherman 和 Seeman(Sherman and Seeman，2004) 制备了一种类似于步行驱动蛋白和肌球蛋白 V 的 DNA 行走装置。该装置由包含两个双螺旋区域的“步行者”组成，这两个区域通过柔性的连接区域连接，在“人行道”上行走。

Seeman 及其同事 (Omabegho，Sha，and Seeman，2009) 还构建了一种自主的 DNA 双足步行者。在该装置中，前腿能够催化后腿从轨道上解离，因而通过循环催化亚稳态 DNA 燃料链的杂交来协调两条腿的行动。Yin 等人 (2004) 设计了一种自主的 ATP 驱动 DNA 马达，这种马达沿线性 DNA 轨道单向移动。这种 DNA 步行者有望被用于将纳米级物体从纳米结构上的一个位置沿着预定路径精确地运输到另一个位置。

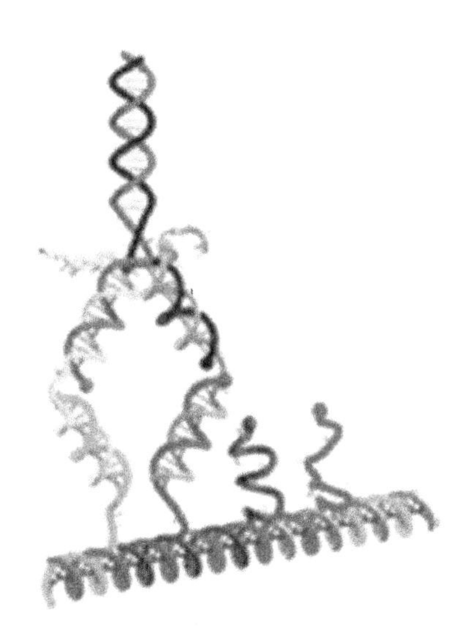

图 3.16　沿着线性轨道执行逐步方向性移动的 DNA 纳米机器 (经许可转载自 Shin and Pierce，2004)

Seeman 的团队还描述了一种货物收集型 DNA 步行者，这种步行者是 DNA 基装配线的一部分，其运动的路径由 DNA 折纸技术铺设 (Gu et al.，2010)。当体系中有合适的单链 DNA 时，该 DNA 步行者可以运动并收集纳米尺寸的货物。Muscat，Bath，和 Turberfield(2011) 开发了一种由 DNA 杂交推动的自主、可编程分子机器人。Wickham 等人 (2012) 讨论了一种分子运输系统，其轨道、马达和燃料均由 DNA 构成，并展示了 DNA 马达的可编程运动和在轨道网络中的导航能力。这种信息处理能够使 DNA 马达沿规定的空间路径运动并实现长程运输。Wickham 等人 (2011) 也在一个二维支架上组装了一条长度为 100 nm 的 DNA 轨道，装载在轨道一端的 DNA 马达能够在整个轨道上均匀且自主地以恒定速度移动，整个过程包括 16 个连续步骤。Willner 的小组介绍了一种 DNA 运输装置，它能以程式化的方式在不同的状态下运送 DNA 链 (Wang，Elbaz，and Willner，2012)。Tian 和 Mao 开发了一种分子齿轮，这种齿轮由一对持续地相对彼此运动的 DNA 纳米环组成 (图 3.17)。每个齿轮由四条 DNA 单链组成：一条中央环状链 (C) 和三条外围线状单链 (构成齿轮的齿)(Tian and Mao，2004)。

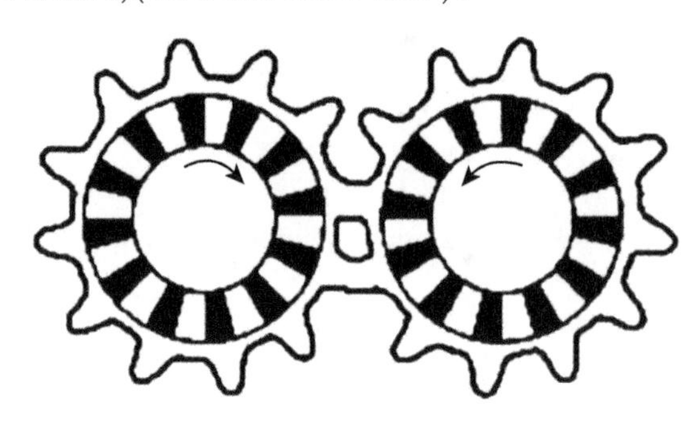

图 3.17　基于彼此连续滚动的 DNA 纳米环的分子齿轮系统 (经许可转载自 Tian and Mao，2004)

3.5.1　酶辅助 DNA 自主纳米机器

普渡大学的 Mao 课题组介绍了一种自主 DNA 纳米机器系统，在该系统中核酸酶将化学能提取出来为 DNA 机器供能。在他们的首个酶辅助 DNA 马达工作中，Mao 的小组描述了一种切割 RNA 的 DNA 酶驱动的自主 DNA 纳米马达 (Chen，Wang，and Mao，2004)。该 DNA 纳米马达从 RNA 基底燃料分子中提取化学能量以驱动机械运动。如图 3.18 所示，他们的三角形机器由两条链 (E 和 F) 组成。E 链含有可切割 RNA 的 DNA 酶，而 S 链则是 E 链中酶的基底，是一种 DNA-RNA 嵌合体。当 E 链与 S 链结合时，分子机器会被 SE 双螺旋打开。通过重复添加基底链并使用 DNA 酶将其切割，可以使机器在打开和关闭状态之间可逆地切换，从而实现 DNA 镊子的生物催化循环。

随后在 2005 年，Mao 的团队描述了一种基于脱氧核糖核酸酶的自主 DNA 纳米机器系统 (Tian et al.，2005)。这种 DNA 酶由包含一个催化环的短 DNA 链组成，该 DNA 链可杂交为环两侧的两个臂，以此来剪切固定的基底。这种酶辅助的 DNA 纳米机器集成了 DNA 酶的活性和链替换方法。这些自主纳米机器可以在液相中发生构象变化，也可以自发地沿 DNA 基的线性轨道移动四步以内。与蛋白质步行者不同，这种 DNA 机器在运动过程中会破坏轨道，因而轨道无法循环利用。

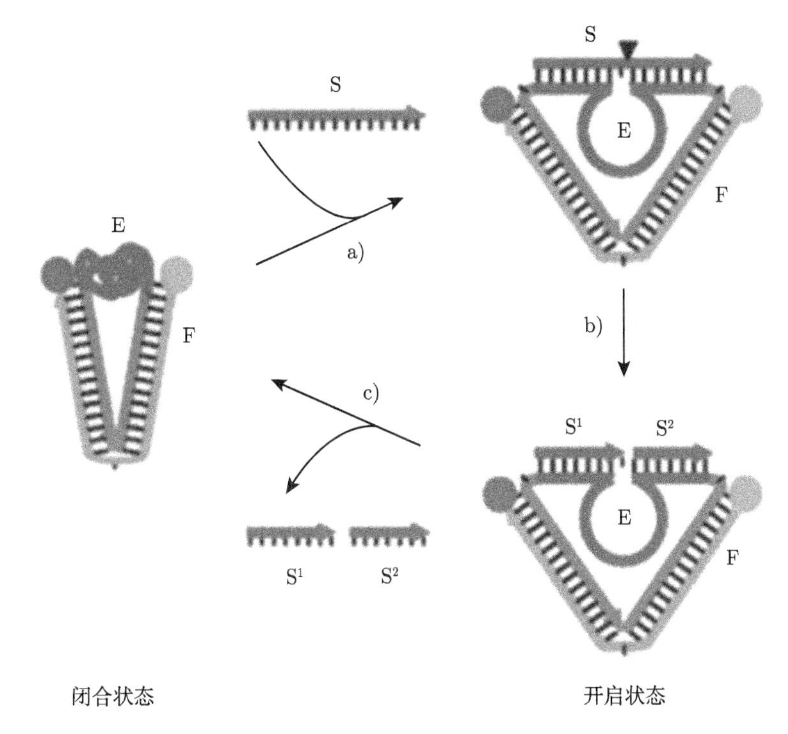

图 3.18 执行一个简单的打开和关闭运动的酶辅助 DNA 纳米机器，该过程通过增加一个刹车链来控制 (经许可转载自 Chen，Wang，and Mao，2004)

3.5.2 DNA 蜘蛛

哥伦比亚大学的 Milan Stojanovic 课题组描述了基于脱氧核酶的三腿 DNA“蜘蛛” 的自主运动 (图 3.19)(Pei et al.，2006)。这些 “蜘蛛” 的惰性身体由链霉亲和素分子组成，而具有催化活性的 “腿” 则由三个脱氧核糖核酸酶构成。通过结合多脚设计和核酸的催化活性，DNA 蜘蛛的定向运动是一种自排斥的随机游走过程，十分类似于蜘蛛在二维空间中的运动方式。这种脱氧核酶 “蜘蛛” 在表面上移动时，相比起表面上的残留产物，更易与基底结合。蜘蛛与基底结合后，将基底裂解为两种产物，然后再次结合到另一个基底上，只要基底存在，就会重复该循环，且可重复超过 50 步而不会从轨道上脱落。这些核酸蜘蛛可以与合适的 DNA 折纸结构相连接，并自主执行包括 “开始”、“跟随”、“转向” 和 “停止” 在内的动作序列 (Lund et al.，2010)。研究人员在这种折纸结构的每个短链 DNA 的末端添加了单链寡核苷酸，从而为每一个动作 “编码”。

图 3.19　三腿 DNA 纳米 “蜘蛛” 的移动 (经许可转载自 Pei et al., 2006)

3.5.3　pH 和光引发的可开关 DNA 机器

不同的环境信号可用来切换 DNA 构象并触发机械运动。pH 和光等不同的外部触发信号已被用来切换 DNA 的两种构象。例如，Willner 和他的同事 (Elbaz et al., 2009) 描述了如何制备一种由 pH 触发 (打开/关闭) 的三链 DNA 镊子。如图 3.20 所示，该核酸镊子由富含胞嘧啶的臂组成，并通过臂与 DNA 交联剂的杂交而保持 “闭合” 形式。在酸性 pH(pH=5.2) 下，臂通过形成 i- 基序胞嘧啶四联体结构而稳定化，释放交联核酸并将镊子转变为 “打开” 状态。同一小组报告了三种这样的无酶 DNA 镊子，它们的 “打开” 或 “关闭” 位置总共构成八种状态 (打开 - 打开 - 打开，打开 - 关闭 - 打开，打开 - 关闭 - 关闭等)。在该系统中通过使用不同的化学输入 (包括金属离子，半胱氨酸和 pH) 可实现单链核酸的可控释放或摄取 (Wang et al., 2010)。

Liedl 和 Simmel(2005) 演示了如何使用类似的 pH 振荡来切换一种质子敏感的富含胞嘧啶的 DNA 分子的构象。由于胞嘧啶的质子化 (C^+) 可以产生额外的氢键，因而酸性 pH 有利于形成富含胞嘧啶的 i- 基序四联体结构和 C^+GC 三联体。Modi 等人 (2009) 利用这种富含胞嘧啶的 DNA 机器的 pH 敏感性实现了对细胞内 pH 随时间和位置变化的监测。由于这种可逆的 pH 触发 DNA 纳米开关在 5.5~6.8 的 pH 范围内响应时间很短，因而对于监测细胞内 pH 的变化大有用处。Liu 和 Balasubramanian(2003) 通过交替添加 H^+ 和 OH^-，展示了在质子的作用下 DNA 纳米机器在闭合和打开状态之间的相互转换。

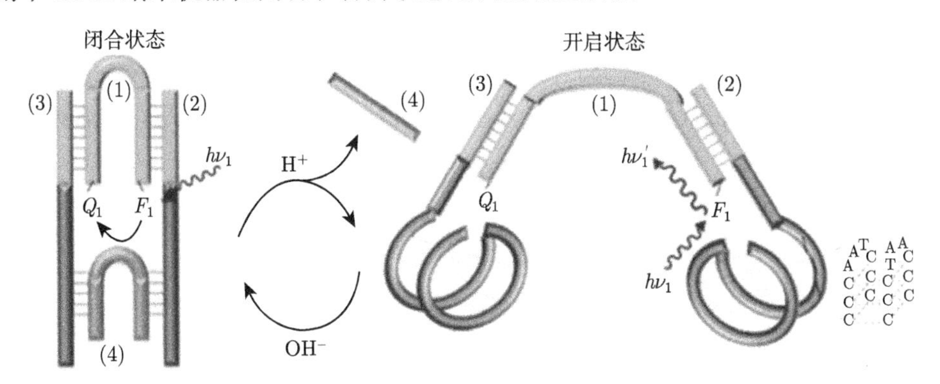

图 3.20 pH 响应型 DNA 镊子。在酸性环境下 (pH=5.2)，镊子受到 pH 刺激形成胞嘧啶四联体，而在中性溶液 (pH=7.2) 中四联体发生分解 (经许可转载自 Elbaz et al.，2009)

光刺激也可用于控制 DNA 纳米机器。例如，Tan 的小组 (Kang et al.，2009) 设计了一种光驱单 DNA 分子纳米马达。这种纳米马达是一种发卡结构的 DNA 分子，其结构中含有偶氮苯，因而可以实现可逆的光控转换。Liang 等人用偶氮苯修饰的 DNA 开发了一系列光响应核酸镊子 (Liang et al.，2008)。镊子在紫外光照射下 (λ=330~350 nm) 被光切换到 "打开" 状态，而在可见光下 (λ=440~460 nm) 则切换回 "闭合" 状态，该过程中无需添加额外的寡核苷酸作为燃料。他们还展示了如何将这些光响应 DNA 通过光切换的方法杂交为单链 DNA(组成双螺旋)，RNA(组成 DNA-RNA 杂交)，或者双链 DNA(组成三螺旋)。You 等人 (2012) 介绍了一种光驱动的 DNA 机器，可以在切换光的颜色时切换运动方向。这种 DNA 机器利用偶氮苯分子的光致异构化 (在 3.3.1 节中描述)，通过将几个偶氮苯基团结合到不同的 DNA 步行者的扩展段中，从而实现利用特定波长的光在许多路径中选择其特定路线。

参 考 文 献

Ackermann, D., Schmidt, T.L., Hannam, J.S., Purohit, C.S., Heckel, A., and Famulok, M. (2010) A double-stranded DNA rotaxane. *Nat. Nanotech.*, **5**, 436–442.

Akimov, A.V., and Kolomeisky, A.B. (2012) Unidirectional rolling motion of nanocars induced by electric field. *J. Phys. Chem. C*, **116**, 22595–22601.

Akimov, A.V., Williams, C., and Kolomeisky, A.B. (2012) Charge transfer and chemisorption of fullerene molecules on metal surfaces: application to dynamics of nanocars. *J. Phys. Chem. C*, **116**, 13816–13826.

Alteri, A., Gatti, F.G., Kay, E.R., Leigh, D.A., Martel, D., Paolucci, F., Slawin, A.M.Z., and Wong, J.K.Y. (2003) Electrochemically switchable hydrogen-bonded molecular shuttles. *J. Am. Chem. Soc.*, **125**, 8644–8654.

Anelli, P.L., Spencer, N., and Stoddart, J.F. (1991) A molecular shuttle. *J. Am. Chem. Soc.*, **113**, 5131–5133.

Asakawa, M., Ashton, P.R., Balzani, V., Credi, A., Hamers, C., Mattersteig, G., Montalti, M., Shipway, A.N., Spencer, N., Stoddart, J.F., Tolley, M.S., Venturi, M., White, A.J.P., and Williams, D.J. (1998) A chemically and electrochemically switchable [2] catenane incorporating a tetrathiafulvalene unit. *Angew. Chem. Int. Ed.*, **37**, 333–337.

Ashton, P.R., Ballardini, R., Balzani, V., Baxter, I., Credi, A., Fyfe, M.C.T., Gandolfi, M.T., Gomez-Lopez, M., Martinez-Diaz, M.V., Piersanti, A., Spencer, N., Stoddart, J.F., Venturi, M., White, A.J.P., and Williams, D.J. (1998) Acid-base controllable molecular shuttles. *J. Am. Chem. Soc.*, **120**, 11932–11942.

Badjic, J.D., Balzani, V., Credi, A., Silvi, S., and Stoddart, J.F. (2004) A molecular elevator. *Science*, **303**, 1845–1849.

Badjic, J.D., Ronconi, C.M., Stoddart, J.F., Balzani, V., Silvi, S., and Credi, A. (2006) Operating molecular elevators. *J. Am. Chem. Soc.*, **128**, 1489–1499.

Balzani, V., Credi, A., Marchioni, F., and Stoddart, J.F. (2001) Artificial molecular- level machines. Dethreading-rethreading of a pseudorotaxane powered exclusively by light energy. *Chem. Commun.*, 1860–1861.

Balzani, V., Credi, A., Raymo, F.M., and Stoddart, J.F. (2000) Artificial molecular machines. *Angew. Chem. Int. Ed.*, **39**, 3348–3391.

Balzani, V., Credi, A., and Venturi, M. (2008a) *Molecular Devices and Machines-Concepts and Perspectives for the Nanoworld*, Wiley-VCH, Weinheim.

Balzani, V., Credi, A., and Venturi, M. (2008b) Molecular machines working on surfaces and at interfaces. *Chem. Phys. Chem.*, **9**, 202–220.

Balzani, V., Credi, A., and Venturi, M. (2009) Light powered molecular machines. *Chem. Soc. Rev.*, **38**, 1542–1550.

Bath, J., and Turberfield, A.J. (2007) DNA nanomachines. *Nat. Nanotech.*, **2**, 275–284.

Beharry, A.A., and Woolley, G.A. (2011) Azobenzene photoswitches for biomolecules.

Chem. *Soc. Rev.*, **40**, 4422–4437.

Beissenhirtz, M.K., and Willner, I. (2006) DNA-based machines. *Org. Biomol. Chem.*, **4**, 3392–3401.

Brouwer, A.M., Frochot, C., Gatti, F.G., Leigh, D.A., Mottier, L., Paolucci, F., Roffia, S., and Wurpel, G.W.H. (2001) Photoinduction of fast, reversible translational motion in a hydrogen- bonded molecular shuttle. *Science*, **291**, 2124–2128.

Browne, W.R., and Feringa, B.L. (2006) Making molecular machines work. *Nat. Nanotech.*, 1, 25–35.

Campbell, M.K., and Farrell, S.O. (2011) *Biochemistry*, 7th edn, Cengage Learning, Stamford, CT.

Chen, Y., Wang, M., and Mao, C. (2004) An autonomous DNA nanomotor powered by a DNA enzyme. Angew. *Chem. Int. Ed.*, **43**, 3554–3557.

Coronado, E., Gaviña, P., and Tatay, S. (2009) Catenanes and threaded systems: from solution to surfaces. *Chem. Soc. Rev.*, **38**, 1674–1689.

Credi, A. (2006) Artificial nanomachines based on interlocked molecules. *J. Phys. Condens. Matter*, **18**, S1779.

Dahl, B.J., and Branchaud, B.P. (2004) Synthesis and characterization of a functionalized chiral biaryl capable of exhibiting unidirectional bond rotation. *Tetrahedron Lett.*, **45**, 9599–9602.

Du, G., Moulin, E., Jouault, N., Buhler, E., and Giuseppone, N. (2012) Muscle-like supramolecular polymers: integrated motion from thousands of molecular machine. *Angew. Chem. Int. Ed.*, **51**, 12504–12508.

Elbaz, J., Wang, Z., Orbach, R., and Willner, I. (2009) pH-stimulated concurrent mechanical activation of two DNA “Tweezers”. A “SET-RESET” logic gate system. *Nano Lett.*, **9**, 4510–4514.

Ferri, V., Elbing, M., Pace, G., Dickey, M.D., Zharnikov, M., Samorì, P., Mayor, M., and Rampi, M.A. (2008) Light-powered electrical switch based on cargo-lifting azobenzene monolayers. *Angew. Chem. Int. Ed.*, **120**, 3455–3457.

Fletcher, S.P., Dumur, F., Pollard, M.M., and Feringa, B.L. (2005) A Reversible, unidirectional molecular rotary motor driven by chemical energy. *Science*, **130**, 80–82.

Frankfort, L., and Sohlberg, K. (2003) Semi-empirical study of a pH-switchable [2] rotaxane. *J. Mol. Struct. (Theochem)*, **621**, 253–260.

Gu, H., Chao, J., Xiao, S.J., and Seeman, N.D. (2010) Proximity-based programmable

DNA nanoscale assembly line. *Nature*, **465**, 202–205.

Hernandez, J.V., Kay, E.R., and Leigh, D.A. (2004) A reversible synthetic rotary molecular motor. *Science*, **306**, 1532–1537.

Hugel, T., Holland, N.B., Cattani, A., Moroder, L., Seitz, M., and Gaub, H.E. (2002) Single-molecule optomechanical cycle. *Science*, **296**, 1103–1106.

Ji, H.F., Feng, Y., Xu, X., Purushotham, V., Thundat, T., and Brown, G.M. (2004) Photon-driven nanomechanical cyclic motion. *Chem. Commun.*, 2532–2533.

Joachim, C., and Rapenne, G. (2013) Molecule concept nanocars: chassis, wheels, and motors? *ACS Nano*, **7**, 11–14.

Kang, H., Liu, H., Phillips, J.A., Cao, Z., Kim, Y., Chen, Y., Yang, Z., Li, J., and Tan, W. (2009) Single-DNA molecule nanomotor regulated by photons. *Nano Lett.*, **9**, 2690–2696.

Kay, E.R., Leigh, D.A., and Zerbetto, F. (2006) Synthetic molecular motors and mechanical machines. *Angew. Chem. Int. Ed.*, **46**, 72–191.

Kelly, T.R., Bowyer, M.C., Bhaskar, K.V., Bebbington, D., Garcia, A., Lang, F.R., Kim, M.H., and Jette, M.P. (1994) A molecular brake. *J. Am. Chem. Soc.*, **116**, 3657–3658.

Kelly, T.R., De Silva, H., and Silva, R.A. (1999) Unidirectional rotary motion in a molecular system. *Nature*, **400**, 150–152.

Klok, M., Boyle, N., Pryce, M.T., Meetsma, A., Browne, W.R., and Feringa, B.L. (2008) MHz Unidirectional rotation of molecular rotary motors. *J. Am. Chem. Soc.*, **130**, 10484–10485.

Kottas, G.S., Clarke, L.I., Horinek, D., and Michl, J. (2005) Artificial molecular rotors. *Chem. Rev.*, **105**, 1281–1376.

Koumura, N., Zijlstra, R.W.J., van Delden, R.A., Harada, N., and Feringa, B.L. (1999) Light-driven monodirectional molecular rotor. *Nature*, **401**, 152–155.

Kudernac, T., Ruangsupapichat, N., Parschau, M., Maciá, B., Katsonis, N., Harutyunyan, S.R., Ernst, K.H., and Feringa, B.L. (2011) Electrically driven directional motion of a four-wheeled molecule on a metal surface. *Nature*, **479**, 208–211.

Leigh, D.A., Wong, J.K.Y., Dehez, F., and Zerbeto, F. (2003) Unidirectional rotation in a mechanically interlocked molecular rotor. *Nature*, **424**, 174–179.

Liang, X., Nishioka, H., Takenaka, N., and Asanuma, H. (2008) A DNA nanomachine powered by light irradiation. *Chembiochem*, **9**, 702–705.

Liedl, T., and Simmel, F.C. (2005) Switching the conformation of a DNA molecule with a chemical oscillator. *Nano Lett.*, **5**, 1894–1898.

Liu, D., and Balasubramanian, S. (2003) A proton-fuelled DNA nanomachine. *Angew. Chem. Int. Ed.*, **42**, 5734–5736.

Liu, Y., Flood, A.H., Bonvallett, P.A., Vignon, S.A., Northrop, B.H., Tseng, H.R., Jeppesen, J.O., Huang, T.J., Brough, B., Baller, M., Magonov, S., Solares, S.D., Goddard, W.A., Ho, C.M., and Stoddart, J.F. (2005) Linear artificial molecular muscles. *J. Am. Chem. Soc.*, **127**, 9745–9759.

Lund, K., Manzo, A.J., Dabby, N., Michelotti, N., Johnson-Buck, A., Nangreave, J., Taylor, S., Pei, R., Stojanovic, M.N., Winfree, N.G., and Hao, Y. (2010) Molecular robots guided by prescriptive landscapes. *Nature*, **465**, 206–210.

Michl, J., and Sykes, E.C.H. (2009) Molecular rotors and motors: recent advances and future challenges. *ACS Nano*, **3**, 1042–1048.

Modi, S., Swetha, M.G., Goswami, D., Gupta, G.D., Mayor, S., and Krishnan, Y. (2009) A DNA nanomachine that maps spatial and temporal pH changes inside living cells. *Nat. Nanotech.*, **4**, 325–330.

Morin, J.-F., Sasaki, T., Shirai, Y., Guerrero, J.M., and Tour, J.M. (2007) Synthetic routes toward carborane-wheeled nanocars. *J. Org. Chem.*, **72**, 9481–9490.

Morin, J.-F., Shirai, Y., and Tour, J.M. (2006) En route to a motorized nanocar. Org. Lett., 8, 1713–1716. Muscat, R.A., Bath, J., and Turberfield, A.J. (2011) A programmable molecular robot. *Nano Lett.*, **11**, 982–987.

Omabegho, T., Sha, R., and Seeman, N.C. (2009) A bipedal DNA Brownian motor with coordinated legs. *Science*, **324**, 67–71.

Pei, R., Taylor, S.K., Stefanovic, D., Rudchenko, S., Mitchell, T.E., and Stojanovic, M.N. (2006) Behavior of polycatalytic assemblies in a substrate- displaying matrix. *J. Am. Chem. Soc.*, **128**, 12693–12699.

Perera, U.G.E., Ample, F., Kersell, H., Zhang, Y., Vives, G., Echeverria, J., Grisolia, M., Rapenne, G., Joachim, C., and Hla, S.W. (2013) Controlled clockwise and anticlockwise rotational switching of a molecular motor. *Nat. Nanotech.*, **8**, 46–51.

Perez, E.M., Dryden, D.T.F., Leigh, D.A., Teobaldi, G., and Zerbetto, F. (2004) A generic basis for some simple light- operated mechanical molecular machines. *J. Am. Chem. Soc.*, **126**, 12210–12211.

Ruangsupapichat, N., Pollard, M.M., Harutyunyan, S.R., and Feringa, B.L. (2011) Reversing the direction in a light-driven rotary molecular motor. *Nat. Chem.*, **3**, 53–60.

Schoevaars, A.M., Kruizinga, W., Zijlstra, R.W.J., Veldman, N., Spek, A.L., and Feringa, B.L. (1997) Toward a switchable molecular rotor. Unexpected dynamic behavior of functionalized overcrowded alkenes. *J. Org. Chem.*, **62**, 4943–4948.

Seeman, N.C. (2005) From genes to machines: DNA nanomechanical devices. *Trends Biochem. Sci.*, **30**, 119–124.

Semeraro, M., Silvi, S., and Credi, A. (2008) Artificial molecular machines driven by light. *Front. Biosci.*, **13**, 1036–1049.

Sherman, W.B., and Seeman, N.C. (2004) A Precisely controlled DNA biped walking device. *Nano Lett.*, **4**, 1203–1207.

Shin, J.K., and Pierce, N.A. (2004) A synthetic DNA walker for molecular transport. *J. Am. Chem. Soc.*, **126**, 10834–10835.

Shirai, Y., Osgood, A.J., Zhao, Y., Kelly, K.F., and Tour, J.M. (2005) Directional control in thermally driven single-molecule nanocars. *Nano Lett.*, **5**, 2330–2334.

Tian, Y., He, Y., Chen, Y., Yin, P., and Mao, C.D. (2005) A DNAzyme that walks possessively and autonomously along a one-dimensional track. *Angew. Chemie Int. Ed.*, **44**, 4355–4358.

Tian, Y., and Mao, C. (2004) Molecular gears: a pair of DNA circles continuously rolls against each Other. *J. Am. Chem. Soc.*, **126**, 11410–11411.

Tian, H., and Wang, Q.C. (2006) Recent progress on switchable rotaxanes. *Chem. Soc. Rev.*, **35**, 361–374.

van Delden, R.A., Ter Wiel, M.M., Pollard, M.M., Vicario, J., Koumura, N., and Feringa, B.L. (2005) Unidirectional molecular motor on a gold surface. *Nature*, **437**, 1337–1340.

Vives, G., and Tour, J.M. (2009) Synthesis of single-molecule nanocars. *Acc. Chem. Res.*, **42**, 473–487.

Wang, Z.G., Elbaz, J., Remacle, F., Levine, R.D., and Willner, I. (2010) All-DNA finite-state automata with finite memory. *Proc. Natl. Acad. Sci. USA*, **107**, 21996–22001.

Wang, Z.G., Elbaz, J., and Willner, I. (2012) A dynamically programmed DNA transporter. *Angew. Chemie Int. Ed.*, **124**, 4398–4402.

Wang, J., and Feringa, B. (2011) Dynamic control of chiral space in a catalytic asymmetric reaction using a molecular motor. *Science*, **331**, 1429–1432.

Wickham, S.-F.J., Bath, J., Katsuda, Y., Endo, M., Hidaka, K., Sugiyama, H., and Turberfield, A.J. (2012) A DNA-based molecular motor that can navigate a network of tracks. *Nat. Nanotech.*, **7**, 169–173.

Wickham, S.-F.J., Endo, M., Katsuda, Y., Hidaka, K., Bath, J., Sugiyama, H., and Turberfield, A.J. (2011) Direct observation of stepwise movement of a synthetic molecular transporter. *Nat. Nanotech.*, **6**, 166–169.

Yan, H., Zhang, X., Shen, Z., and Seeman, N.D. (2002) A robust DNA mechanical device controlled by hybridization topology. *Nature*, **415**, 62–65.

Yang, W., Li, Y., Liu, H., Chi, L., and Li, Y. (2012) Design and assembly of rotaxane-based molecular switches and machines. *Small*, **8**, 504–516.

Yin, P., Yan, H., Daniell, X.P., Turberfield, A.J., and Reif, J.H. (2004) A unidirectional DNA walker that moves autonomously along a track. *Angew. Chem. Int. Ed.*, **43**, 4906–4911.

You, M., Huang, F., Chen, Z., Wang, R., and Tan, W. (2012) Building a nanostructure with reversible motions using photonic energy. *ACS Nano*, **6**, 7935–7941.

Yurke, B., Turberfield, A.J., Mills, A.P., Jr., Simmel, F.C., and Neumann, J.L. (2000) A DNA-fuelled molecular machine made of DNA. *Nature*, **406**, 605–608.

第4章　化学自驱动装置*

传统大型马达往往消耗某种燃料，将其能量转化为机械功。而在过去十年间，研究人员开发了许多种通过化学反应驱动的人造纳米马达或微马达。已经有许多综述对人造马达的发展状况进行了全面的概述 (Mallouk and Sen, 2009; Wang, 2009; Ozin et al., 2005; Paxton et al., 2006a; Pumera, 2010; Mirkovic et al., 2010a; Mei et al., 2011; Gibbs and Zhao, 2011; Wang and Gao, 2012b; Sengupta, Ibele, and Sen, 2012)(译注：2012 年后发表的微马达综述请见本书附录)。这类微型马达的运动机理一般可理解为：马达自身通过局部催化分解液体燃料，在其表面或界面区域形成不对称的作用力，从而驱动微马达运动。为了实现这种化学驱动，需要在纳米尺度的物体上产生各向异性的力，而这种力可通过构建不对称的纳米或微米结构产生。

人工合成的化学驱动纳米/微米马达有一个共同特征，即它们都不能携带自身所需的燃料 (译注：目前已有少量微马达自身能够携带燃料，但会随时间耗尽燃料后停止工作)。相反，这种马达能从它们周围液体环境中提取化学能，并将其转化为机械能。这些马达是自主运动的，因为它们不需要外部电场、磁场或光作为能量源，而是依赖于局部提供的能量输入，而这种能源主要是能量密度高的过氧化氢 (H_2O_2) 燃料。液体燃料的化学反应主要发生在纳米/微米尺度物体 (例如线、管或球体) 的特定催化区域上，以此产生驱动力。要提高化学自驱动纳米/微米马达的速度和功率，需要优化对其运动起关键作用的相关参数，如马达和燃料溶液的组成成分，以及马达的形貌 (几何形状) 等。马达的方向性控制则主要通过在其结构中嵌入具有磁性的段或层，再结合外部磁场的引导来实现。催化自驱动马达也能表现出有趣的仿生行为，包括趋化性、群体行为以及货物运输等。目前，对人工合成的催化微型马达的研究仍处于早期阶段，研究人员也正在研究开发新型马达，并探索和理解新的推进机制。催化自驱动马达的这些最新进展已在相关的综述文章中进行了详细的阐述 (Ebbens and Howse, 2010; Gibbs and Zhao, 2011; Mallouk and Sen, 2009; Mei et al., 2011; Ozin et al., 2005; Paxton et al., 2006a; Pumera, 2010; Wang,

* 译注：本章中，“微管马达”“微引擎” 指代同样的物体。

2009)。原则上，马达可以使用各种金属、金属衍生物和催化分解燃料分子的酶来产生推进力。而对于一种催化马达，人们常常有几种可能的机理来解释其运动。预计在不久的将来，纳米马达能从其他类型的化学反应，特别是其周围环境中收集能量。

来自波士顿的 Whitesides 课题组 (Ismagilov et al., 2002) 首先提出了利用不对称化学反应驱动物体游动的概念。最初的演示模型是一种毫米尺度的基于催化反应的人工合成马达。这种自主运动的马达是由薄片状的聚合物 PDMS(聚二甲基硅氧烷) 构成的圆盘形 “船” 主体，和镶嵌在船尾气液 (H_2O_2) 界面处的铂 (Pt) 催化条组成的 (图 4.1)。液体中过氧化物燃料在 Pt-PDMS 板的 Pt 处催化分解，形成的小氧气气泡喷射，对船体产生反冲作用力，从而推动在液体表面浮动的 Pt-PDMS 板自发运动。H_2O_2 分解的化学反应为

$$2H_2O_2 \rightarrow 2H_2O + O_2 \tag{4.1}$$

2005 年宾夕法尼亚州立大学 Catchmark(Catchmark，Subramanian，and Sen，2005) 等人演示了通过催化反应产生界面张力梯度驱动微米尺度齿轮状装置进行连续旋转运动。金齿轮状结构由传统微纳加工技术制造，且齿轮的每个齿上都沉积有一层铂。与催化剂相邻的表面经过疏水处理，其疏水性对于产生表面张力梯度起关键作用。实验发现，在过氧化氢稀溶液中，这种齿轮表面催化反应产生的力可以驱动 100 μm 直径的齿轮以 1 转/秒的角速度旋转。

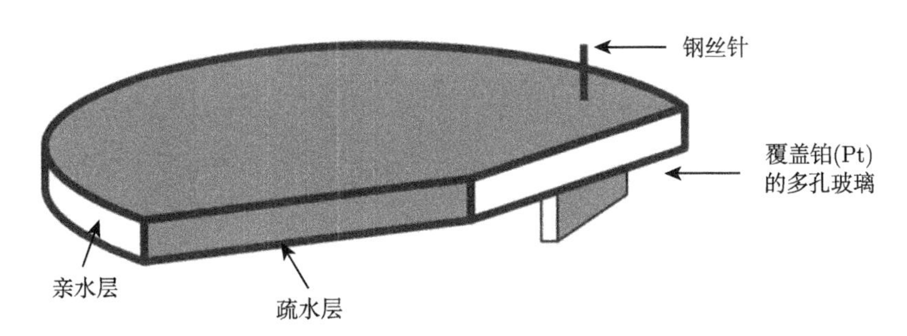

图 4.1　由圆盘形 PDMS 板 (厚度约 1~2 mm，直径 9 mm) 和一片涂有铂层的多孔玻璃组成的自驱动结构示意图。该多孔玻璃通过钢丝针固定在PDMS 圆盘上 (经许可转载自 Ismagilov et al., 2002)

自从 Whitesides 在 2002 年首次演示利用催化驱动微装置以来，涌现出了许多

利用催化分解燃料从周围环境中获取能量从而驱动的纳米/微米马达，本领域也因此获得了迅速发展。通过使用各种精细加工技术，包括模板辅助电化学沉积法、卷曲光刻技术或物理气相沉积等，可以制备各种类型的化学供能纳米/微米马达。这些催化马达中的许多种都含有金属铂，从而能将过氧化氢催化分解为水和氧气。目前，关于这些过氧化物驱动的人工催化微/纳米马达，人们已经研究了不同的相关推进机制。催化剂的具体设计和摆放位置通常取决于所涉及的推进机理。特别需要注意的是双金属段纳米线催化马达 (Fournier-Bidoz et al., 2005; Laocharoensuk, Burdick, and Wang, 2008; Paxton et al., 2004)，微米管状马达 (Gao et al., 2011a; Huang, Wang, and Mei, 2012; Mei et al., 2011; Solovev et al., 2009) 和表面不对称镀铂的硅基微米球 (Gibbs and Zhao, 2009; Howse et al., 2007)(译注：这几种马达是目前学术界研究和应用最广泛的化学驱动微纳米马达)。以上研究成果在制备多样且动力性强的微米/纳米马达方面取得了巨大的进展，有些马达甚至可以以每秒超过自身体长 1000 倍的速度运动 (Gao et al., 2012b)。这种催化微引擎有望成为用于受控运动、颗粒组装和分离的活性微型系统的关键组成部分。在下面的章节中我们将详述这种化学驱动的纳米/微米马达如何运动并实现方向控制。

4.1　自驱动催化纳米线马达

金属棒马达也许是目前研究最多的自驱动微观催化结构。催化纳米线马达的一个优良特性是它们能在没有外部干预的情况下自主运动。为了驱动这种纳米线运动，其推进力必须克服黏性摩擦力。

在 2004 年和 2005 年，宾夕法尼亚州立大学 (Paxton et al., 2004) 和多伦多大学 (Fournier-Bidoz et al., 2005) 的两个研究小组独立地发现双金属纳米线 (Au-Pt 与 Au-Ni) 可以作为高效的催化纳米马达，在过氧化氢燃料溶液中做持续的自主非布朗运动。如图 4.2 所示，Au-Pt 纳米线可以向前运动，其运动轨迹一般不受控制。而 Au 一端固定在硅表面的 Ni-Au 纳米线则会做连续的旋转运动，这说明金属 Ni 端与过氧化物分解有关 (图 4.3)。以上两个团队已对这些开拓性的工作做了综述 (Ozin et al., 2005; Paxton, Sen, and Mallouk, 2005; Paxton et al., 2006a; Mallouk and Sen, 2009; Mirkovic et al., 2010a, 2010b)。

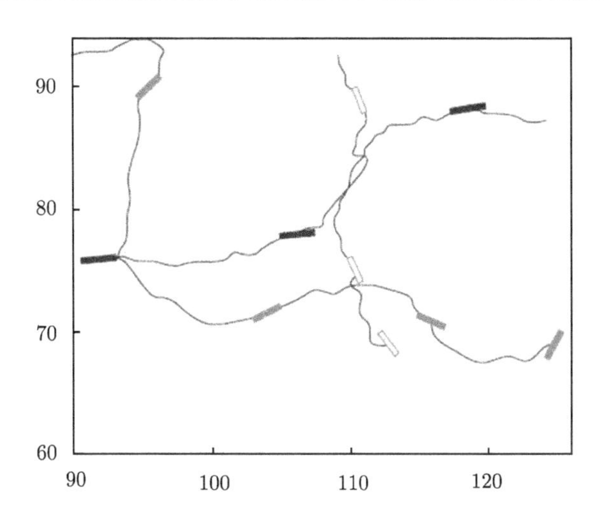

图 4.2 自驱动催化纳米线马达，在 2.5%的过氧化氢水溶液中 Au-Pt 纳米线马达 5 s 内的移动轨迹如图所示。x 轴和 y 轴上的刻度单位为微米 (经许可转载自 Paxton et al., 2004)

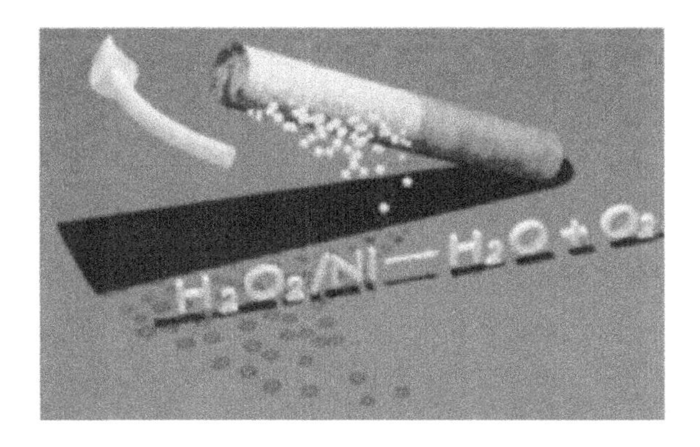

图 4.3 Au 端固定在硅表面的 Au-Ni 纳米线，在金属镍端催化产生的纳米级氧气泡驱动马达以 Au 端为中心绕圈旋转 (经许可转载自 Ozin et al., 2005)(译注：随后的研究结果表明，该双金属棒的运动可能不是由纳米气泡驱动，而是由于自生电场)

通常在具有均匀直径的圆柱形纳米孔的模板内首先电化学沉积金属，随后溶解移除模板来制得双段纳米线马达 (图 4.4)(Bentley et al., 2005; Fournier-Bidoz et al., 2005; Hurst et al., 2006; Kline et al., 2006)。这种模板辅助电化学沉积的方法能方便地制备不同成分、尺寸或长径比的多段纳米线。通过先后沉积金属铂和金，使得分段纳米线具有不对称分布的局部催化区域，这是产生定向力的关键。此外，还可以再沉积额外的金属段来进一步提升马达的功能 (例如，将在 4.1.1 节中介绍通过使用金属 Ni 段来对马达进行磁操控)。单个模板膜就可以制备亿万个这样的纳米线马达。而模板膜既可以商业购买，也可以自行制备。

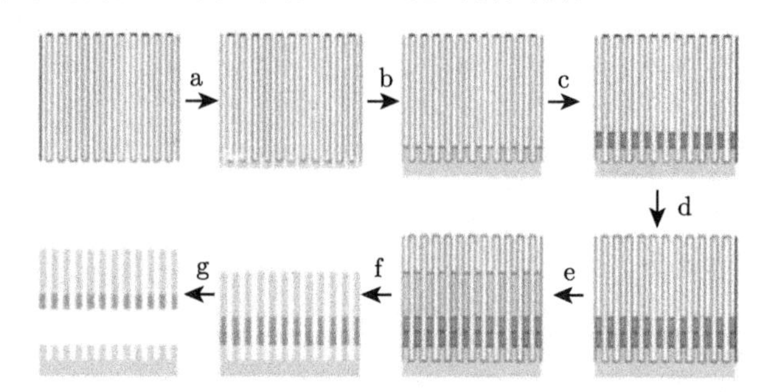

图 4.4　模板电化学沉积法制备多段纳米线过程示意图 (a) 氧化铝膜上溅射金属金 (译注：或银)；(b) 电沉积金段；(c) 电沉积铜牺牲层；(d) 电沉积金属镍段；(e) 电沉积金段；(f) 选择性溶解氧化铝；(g) 选择性溶解金属铜，得到 Ni-Au 双段纳米线 (经许可转载自 Fournier-Bidoz et al., 2005)

上述方法所制备的纳米线通过催化分解过氧化氢燃料自驱动 (H_2O_2 在纳米线的两端上均分解，见图 4.5)。金端作为阴极发生过氧化氢的还原反应，产物为水：

$$2H_2O_2 + 2H^+ + 2e^- \rightarrow 2H_2O \tag{4.2}$$

而在阳极铂端发生过氧化氢的氧化反应：

$$H_2O_2 \rightarrow O_2 + 2H^+ + 2e^- \tag{4.3}$$

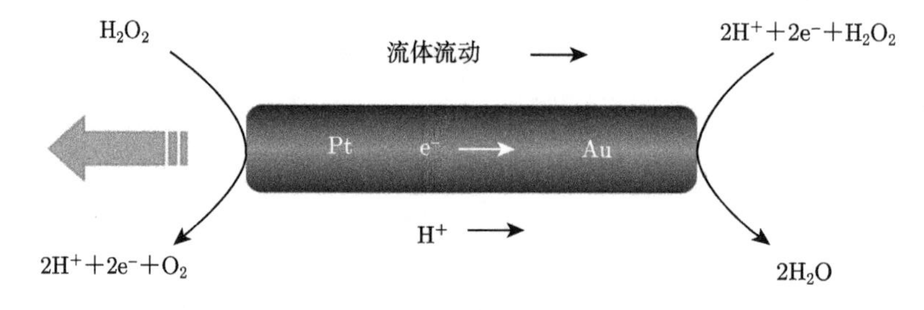

图 4.5　由过氧化氢的催化分解提供驱动力的双段 Pt-Au 纳米线马达 (经许可转载自 Paxton et al., 2006)

在双氧水中双金属纳米线两端的总反应为：$2H_2O_2 \rightarrow 2H_2O+O_2$(方程式 (4.1))，并因此以铂端在前做自发非布朗运动，速度为 8~15 μm/s。其运动速度的大小与过氧化氢分解速率有关，过氧化物燃料浓度越高运动速度越快。只要溶液中存在过氧化物燃料，这种纳米线马达就可以继续自发驱动，而不需要外加其他形式的驱动。

在过去 5 年中，研究人员通过不断优化例如马达或燃料的组成等参数来提高催化纳米线的运动速度，以及其驱动力和功率 (Demirok et al., 2008; Laocharoensuk, Burdick, and Wang, 2008)。例如，通过用 Ag-Au 合金段 (Demirok et al., 2008) 取代 Au 端，或在 Pt 段中掺杂碳纳米管 (CNT)，能显著地提高纳米线的运动速度 (Laocharoensuk, Burdick, and Wang, 2008)，这是由于 Pt-CNT 或 Ag-Au 金属段极大地增强了过氧化物燃料氧化或还原的催化反应性能。例如，Ag-Au 合金的比例不同，其催化活性也会变化，因而极大地影响了 Au-Ag/Pt 合金纳米线马达的速度 (图 4.6)。最佳比例的 Ag-Au 合金组合物 (3:1 Ag:Au) 具有较高催化反应性，其对应的纳米线的平均速度为 110 μm/s，相当于纳米线每秒运动长度超过自身体长 50 倍。这种组份调整可以通过调节纳米线在电沉积时的生长条件而轻易实现。

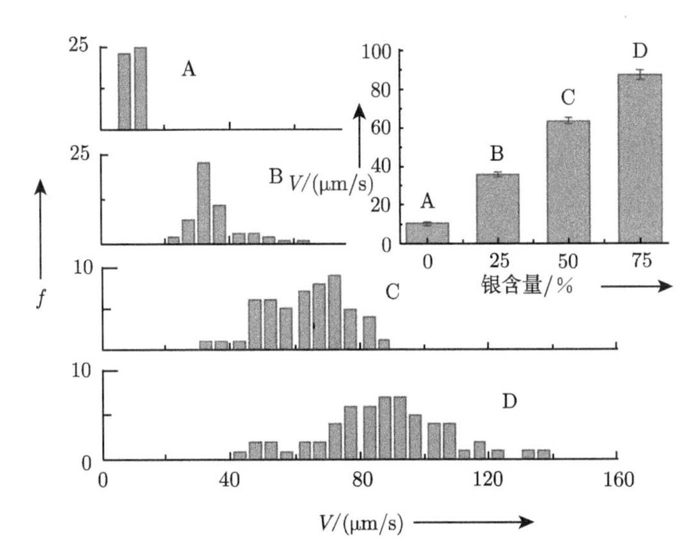

图 4.6 高速 Au-Ag/Pt 合金纳米线马达。在质量分数为 5%的过氧化氢溶液中 Au/Pt(A) 和 $Ag_{25}Au_{75}$/Pt(B)，$Ag_{50}Au_{50}$/Pt(C)，$Ag_{75}Au_{25}$/Pt(D) 纳米马达的速度分布的直方图 (经许可转载自 Demirok et al., 2008)

此外，通过优化燃料组成，例如在过氧化物溶液中加入肼 (N_2H_4, hydrazine) (Laocharoensuk, Burdick, and Wang, 2008) 或银离子 (Kagan, 2010)，也可以极大

提高纳米线马达的速度和驱动力。图 4.7 并排对比了在有无肼的过氧化物燃料溶液中 Au/Ni/Au/Pt 和 Au/Ni/Au/Pt-CNT 纳米马达的运动速度的大小。实验发现，在溶液中添加肼后，含有 CNT 的纳米马达的运动速度从 5.0 μm/s(a) 增加至 94.0 μm/s(c)，速度显著提高近 20 倍。Sen 和 Mallouk(Wang et al., 2009) 的研究发现，沿纳米线马达长轴表面沉积薄金属层，会在马达上产生一个电动转矩，使平移马达转变成一个固定的转子。

图 4.7　纳米马达速度比赛。在质量分数为 2.5%的过氧化氢中由磁场导向的 Au/Ni/Au/Pt(a, d) 和 Au/Ni/Au/Pt-CNT(b, c) 纳米马达显微镜下的运动轨迹，其中 (c, d) 含有 0.15%质量分数的肼，(a, b) 中不含肼。马达中 Ni 段在磁场下使马达能够沿特定方向直线运动 (经许可转载自 Laocharoensuk, Burdick, and Wang, 2008)

4.1.1　催化纳米线马达的运动机理

为解释催化纳米线马达如何将化学能转化为动能，科研人员提出了几种可能的机理，包括界面张力梯度、黏性布朗棘轮 (Brownian rachet)、气泡反冲、自电泳 (self-electrophoresis) 等，其中自电泳机制能更好地解释实验结果，因而被认为是最可能的机理 (Wang et al., 2006; Sengupta, Ibele, and Sen, 2012)。

自电泳机理将两段纳米线视为互连的电化学电池。在阳极铂端，纳米线表面催化过氧化氢氧化产生氧气，在纳米线内部产生电子，并在马达与溶液的界面区域中产生质子 (方程 (4.3))。如图 4.5 所示，质子从铂端向阴极金端迁移，并在发生在阴极的过氧化氢还原反应中被消耗。这一过程使得质子浓度沿纳米线表面呈梯度分布，并使纳米马达表面的流体沿质子浓度梯度的相同方向运动，纳米线因而在自电泳机制下以铂端朝前运动 (Wang et al., 2006)。

对于由催化反应导致的电动力驱动运动的物体，其运动速度是周围介质的电导率与电流密度的函数 (Paxton et al., 2006b)。根据 Helmholtz-Smoluchowski 方程，在增大电导率 σ 时，纳米马达的速度预期线性降低。

$$v \propto \mu_e J_+/\sigma \tag{4.4}$$

其中 v 是速度；μ_e 是双金属颗粒的电泳迁移率 (是介电常数、溶液黏度、颗粒尺寸以及颗粒 zeta 电位的函数)；J_+ 是电化学反应的电流密度；σ 是本体溶液 (bulk solution) 的电导率 (Sengupta, Ibele, and Sen, 2012; Sundararajan et al., 2010)。自电泳驱动机制表明这种马达只能在低离子强度的水溶液中运动。该限制对于自电泳马达在高离子强度的盐溶液中的运动提出了一个巨大的挑战，因而阻碍了纳米马达在实际环境中的诸多潜在应用 (译注：例如污水、血液、组织液等)。

双金属纳米线的运动方向与两个金属段在燃料中的混合电势差 (ΔE)(译注：混合电势英文为 mixed potential) 有关 (Wang et al., 2006)。ΔE 可以通过对过氧化氢在相应电极材料上的阴极和阳极反应作塔菲尔曲线图 (Tafel plot) 获得，这种混合电位测量可以用于预测不同双金属纳米线在过氧化氢中的运动方向。例如，Sen 和 Mallouk 观察到单种金属 (Pt，Pd，Ru，Au，Ni 和 Rh) 对应的混合电势和相应的双金属马达在过氧化氢中的运动方向存在较强的相关性 (Wang et al., 2006)。因此这可以用来预测所有电化学稳定的不同金属组合的马达的运动方向。此外，实验观察到混合电势差大的纳米马达运动速度更快，且纳米马达的速度与其金属组份在燃料中的混合电势差 (ΔE) 近似成正比 (Wang et al., 2006; Demirok et al., 2008)。这一趋势为双金属纳米线的自电泳推进机理 (也称为双极电化学机理，即 bipoler electrochemistry) 提供了有力的支持。

4.1.2 催化纳米线马达的磁导向运动

虽然催化纳米线马达通常沿着不受控制的轨迹运动 (例如图 4.2)(译注：这主要是由于热运动，即布朗运动导致的)，但是可以利用类似于趋磁细菌的方式 (Kline et al., 2005) 通过磁性引导纳米马达的运动方向。趋磁螺旋菌 (Magnetospirillum magnetotacticum) 体内含有具有磁畴的 Fe_3O_4 晶体，因此可以根据外部磁场方向来调整身体取向。为实现纳米线马达在磁场下的取向，通常是在模板电沉积期间，将较短的具有磁性的金属 (例如镍) 段嵌入到纳米马达中，该磁性段可以在垂直于纳米线长轴的横向外部磁场下磁化 (Burdick et al., 2008; Kline et al., 2005)。在一项开创性研究中，Sen 和 Mallouk 运用具有 550 G 场强的 NeFeB 磁体远程控制了纳米线的运动方向 (Kline et al., 2005)。这种含 Ni 的催化纳米线马达的运动方向垂直于所施加的磁场，并在过氧化氢溶液中正常地自主运动。并且，磁场仅用于控制运动的方向，并不影响这些纳米线马达的速度。图 4.8 展示了在外部磁场下含 Ni

纳米线马达的取向。通过改变磁场方向，可以控制纳米马达沿着预定的轨迹运动。

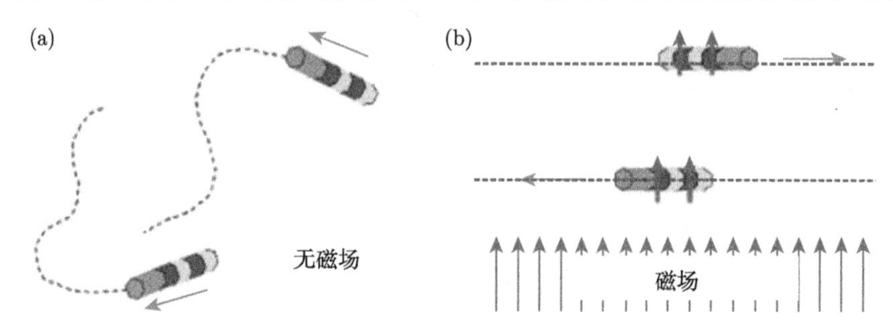

图 4.8　纳米线马达通过内嵌的 Ni 段在外部磁场下排列。(a) 为施加外部磁场之前；(b) 为施加磁场后 (经许可转载自 Kline et al., 2005)

催化纳米线马达可以沿着预定轨迹被磁场精确引导和转向，因此我们可以让纳米马达在复杂的微通道网络中沿着预定的路径定向运动，实现在微芯片节点处的磁性分选 (Burdick et al., 2008)。在不影响纳米马达运动速度的情况下，一个弱外磁场就可以实现在每个节点处分拣纳米马达。利用这种磁性取向，还能更好地可视化地比较各种实验参数对马达速度的影响，例如通过纳米马达直线“赛跑”可以看出燃料和马达组分对速度的影响 (图 4.7)。对马达的磁控还有助于引导马达向货物运动，因而对货物运输及药物输运等应用大有帮助 (在第 6 章中阐述)。

4.2　催化微管马达

梅永丰和 Schmidt 等人在 2008 年 (Mei et al., 2008, 2011; Solovev et al., 2009) 开创了催化管状型微引擎，也被称为“微型火箭”。这种马达能在生物流体与富盐环境中有效驱动，因此具有较强的应用价值 (Balasubramanian et al., 2011; Manesh, 2010a)。这种催化微引擎由气泡驱动，这与双段纳米线马达的自电泳机制不同。这些多层微引擎的主要特征是其锥形开口管状设计，其主要由催化剂 Pt 内层、用于磁性引导的中间层 (Fe 或 Ni) 和惰性外层组成 (图 4.9a 和 b)。

Pt 催化层也可以用具有生物催化活性的内层代替 (如固定在金上的过氧化氢酶)。为了提高层与层之间的黏附性以及卷曲过程的可控性，在制备过程中加入了 Ti 和 Au 薄层。微管马达可以以每秒几毫米的速度高速运动，这相当于每秒运动自身体长数百倍的距离 (Gao et al., 2012b; Sanchez et al., 2011a; Solovev et al., 2009)。在微芯片通道中实验发现 (Sanchez et al., 2011c)，卷曲的管状 Ti/Fe/Pt 微引擎自身产生的推动力强大到足以使其逆流而上，其强大的拖曳力还可用于传送相对较大 (约 10~20 μm) 的货物 (例如，癌细胞或多个微粒)，并插入到细胞中 (Solovev et al., 2012)。管状微型马达的氧气泡推进机制解决了催化纳米线马达对离子强度的限制，扩展了其应用范围 (Manesh, 2010)。实验证明其可以在浓度高达 1 mol/L 的盐溶液这样的高离子强度介质中有效运动 (Manesh, 2010)。因此，微管马达能在多种环境中有效地驱动，包括未处理的生物流体，这使得它们在多种生物应用领域非常具有吸引力 (Balasubramanian et al., 2011; Campuzano et al., 2011; Solovev et al., 2012)。

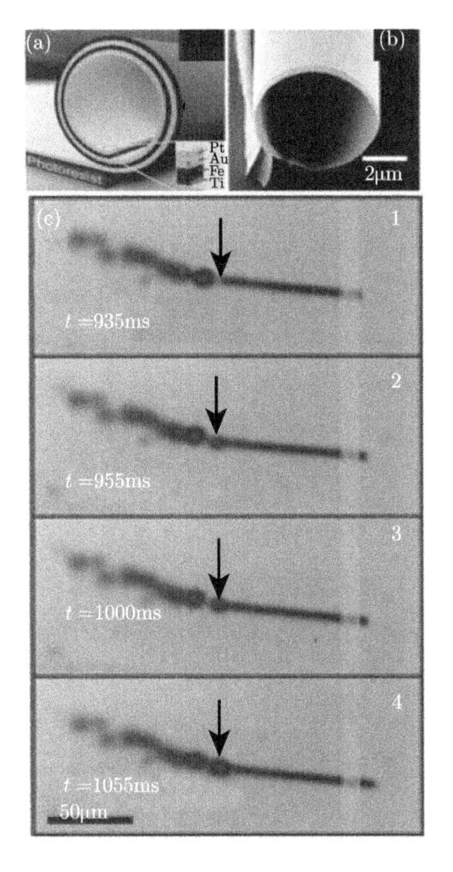

图 4.9 (a) 薄膜自卷曲形成的微引擎管状结构示意图。一种经典的管状结构是由 Pt/Au/Fe/Ti 多层薄膜从光刻胶牺牲层上自卷曲而成；(b) 卷曲微管的 SEM 图像；((c)，1-4) 不同阶段的自推进管状微型马达运动视频截图，箭头所指为微管的末端，可见有一个气泡逐渐生长并脱离管体 (经许可转载自 Mei et al., 2011 和 Solovev et al., 2009)

4.2.1 管状微引擎的气泡推进机理

管状微马达内部 Pt 表面对过氧化氢燃料催化分解，生成的氧气气泡产生连续推进力推动马达向前运动。过氧化物燃料通过管前端的小开口进入微型锥管中，微管腔内的铂催化层激活过氧化氢燃料的分解，以产生氧气，并随之成核形成气泡。在微管中，虽然每个单独的气泡十分微小，气泡也会逐渐积累长大。而管状微型马达的圆锥型结构有助于气泡的单向膨胀，而加入少量的表面活性剂也可帮助气泡生长及释放。这些氧气气泡生长并膨胀到管的空腔中，且由于入口和出口的开口尺寸不对称性导致了压强差，向压力较低的大开口移动，并最终从较大的开口离开。

如上所述，中空微管在其内部催化产生氧气微气泡，并从较大的管状开口释放 (图 4.9c)。排出的氧气气泡会在气泡喷射的反方向上产生作用力，克服了管向前运动所受的流体黏性摩擦力，从而使微米管沿长轴运动。可以看出，内催化层对于腔中排出气泡并反冲这一过程有重要影响。因 Pt 表面疏水，为了促进流体通过毛细作用填充到空腔中，通常添加表面活性剂，例如苯扎氯铵 (benzalkonium chloride) 阳离子，胆酸钠 (sodium cholate) 或十二烷基磺酸钠 (sodium dodecyl sulfate) 阴离子，从而降低溶液的表面张力、稳定气泡，并减小气泡尺寸。通过降低燃料溶液表面张力，也促进了微管内部的完全润湿。

通过光学显微镜，我们可以方便地观察到气泡长大的过程。例如，图 4.9c 的视频截图展示出氧气微气泡从微管马达较大开口的尾部释放这一过程。微引擎的轨迹以及尾部留下的微气泡照片说明微管马达是逐步推进的，气泡也是一个个单独释放出来的 (Li et al., 2011; Mei et al., 2008)。一旦气泡从马达后方的出口分离，微管马达便保持管内没有气泡的原始形状以迎接下一个运动循环。图 4.10 展示了管状微型引擎的分阶段运动机制。“单管” 变为 “具有附着气泡的单管”，再变回 “单管”，这一非对称的形状变化不断重复，从而使微型马达能在低雷诺数下运动。微管一个单步运动对应于从形状 1(无气泡的管) 到 2(具有气泡的管) 的变化。当产生更大的微气泡时，便可观察到更长的移动阶段。因此，释放的气泡的大小和频率是微管运动的重要参数 (Solovev et al., 2009)。微型管状马达的平均速度近似等于气泡半径和排气频率的乘积 (Li et al., 2011; Solovev et al., 2009)。

综上所述，微型管引擎的动力学可由 Mei 课题组提出的体变形模型定量描述 (Li et al., 2011)。这个模型同时把微型马达和微气泡考虑进同一个系统之内 (图 4.10)。此外，该模型还研究了微型马达的几何尺寸 (例如长度和半径) 对其动态特性的影响。管状微型马达的平均速度近似等于气泡半径和排气频率的乘积 (Li et al., 2011; Solovev et al., 2009)。

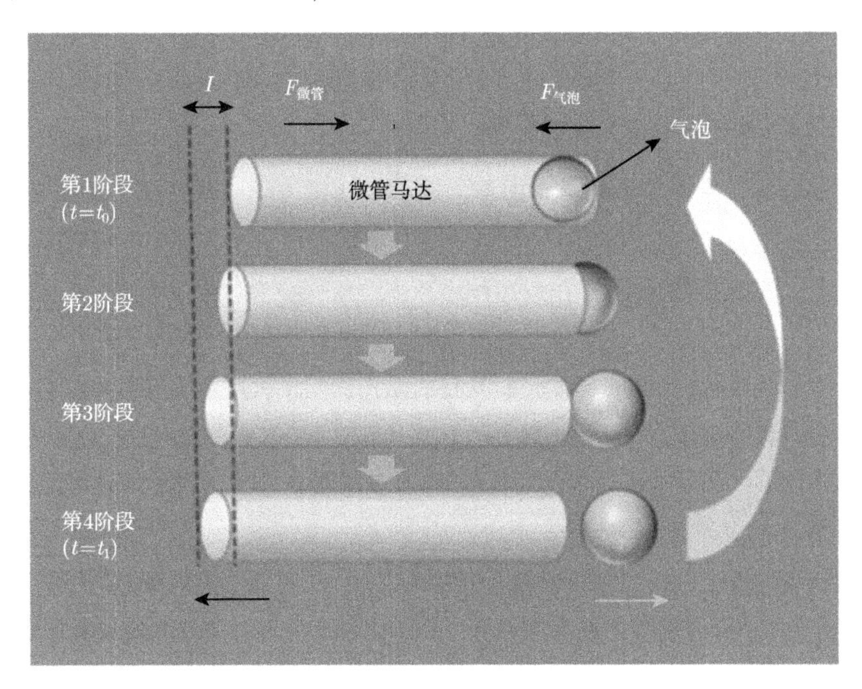

图 4.10 微型管状马达的逐步运动机制。该图为管状马达运动一步过程中变形的示意图。把微马达和气泡当作一个系统，其从 “气泡在马达内”(第 1 阶段) 变化为 “气泡在马达外”(第 4 阶段)，从而驱动马达运动。较大的气泡会让马达移动较长的距离 (经许可转载自 Li et al., 2011)

如图 4.10 所示，在体变形模型中，认为微管马达和气泡是同一个系统。体变形模型的相关计算表明，微管马达运动一步的距离 (l) 可以表示为

$$l = \int_{t_0}^{t_1} v_{\mathrm{e}}(t)\mathrm{d}t = \frac{6R_{\mathrm{b}}^2}{3R_{\mathrm{b}}+L_{\mathrm{e}}/\left(\ln\left(\frac{2L_{\mathrm{e}}}{R_{\mathrm{e}}}\right)-0.72\right)} \tag{4.5}$$

其中 R_{e} 是气泡半径；L_{e} 和 R_{e} 分别是微管马达管状腔的长度和半径。马达速度 v 可以用以下公式估算：

$$v = \frac{9\dot{n}C_{\mathrm{H_2O_2}}R_{\mathrm{e}}L_{\mathrm{e}}}{3R_{\mathrm{b}}^2+LR_{\mathrm{b}}/\left(\ln\left(\frac{2L_{\mathrm{e}}}{R_{\mathrm{e}}}\right)-0.72\right)} \tag{4.6}$$

其中 n 表示氧气产生的速率；$C_{\mathrm{H_2O_2}}$ 为燃料 $\mathrm{H_2O_2}$ 浓度。

4.2.2　管状微引擎的制备

管状微引擎可以通过不同的方法制备，包括卷曲制备技术和模板辅助电化学沉积。

4.2.2.1　卷曲法制备管状微引擎

卷曲制备技术利用纳米薄膜内部的固有应变梯度生成三维微管结构 (Mei et al., 2008; Solovev et al., 2009)。先将多层薄金属层用电子束蒸发到有图案的光刻胶牺牲层上，然后去除光刻胶，在应力作用下多层结构会卷曲形成微管结构 (Huang, Wang, and Mei, 2012; Mei et al., 2008; Solovev et al., 2009)(图 4.9a 和 b)。这种利用选择性刻蚀，除去下面的牺牲层制备卷曲结构的技术可应用于许多种材料。实际上，任何固体薄膜均可在制备过程中产生应变梯度，从衬底释放时几乎能在任何指定位置卷曲形成微管 (Mei et al., 2011)。这种卷曲制备技术因而能高效可重复地生产微引擎。

该制备过程通过控制沉积厚度、角度和速率，并选择性蚀刻聚合物牺牲层，从而将金属 Ti/Fe/Pt 薄膜卷曲形成微管。具体来说，首先在硅或玻璃基板上制备图案化光刻胶牺牲层，之后将有预应力的多金属薄膜沉积在光刻胶层上。在制备过程中，样品以一定角度 ($60^\circ \sim 75^\circ$) 倾斜，以使制备微管形成锥形。随后蚀刻掉光刻胶，多层金属膜从基板脱离并自发卷曲形成微管。微管是由内部 Pt(催化) 层、Fe 层 (用于远程磁性引导)、Ti 层和 Au 层组成，Au 使各层间保持良好附着并能使卷曲过程得到更好的控制。外部磁场通过嵌入的磁层引导对准，从而“操纵”微引擎沿着预定的轨迹运动。Zhao 等人研究表明含铁的卷曲微管马达可以被磁化，并可作为罗盘针，从远处感测外部磁场的方向，并能使运动方向与之对齐 (Zhao et al., 2012)。基于生物催化 (过氧化氢酶) 层而不是金属层的酶驱动微管将在第 4.7 节中讨论。这些生物催化微引擎的内层通常为金 (而不是铂层)(译注：因为通过金–硫键将所需的官能团和生物分子修饰到金层上更容易)。

上述方法制备的卷曲圆锥形微管的长度通常为 50~100 μm，直径开口为 2~10 μm。管的直径可以通过改变金属层的厚度和应变来调节，而长度可以通过事先设计的光刻图案调节。通过控制微管马达的形状，例如入口和出口直径或长宽比，可改善流体场，从而优化气泡的产生以及释放过程。Sanchez 等人使用异质外延生长层法，可制备出直径为 600 nm，重量为 1 pg(10^{-12} g) 的小型喷气马达 (Sanchez et al., 2011b)。

在 2012 年，Sanchez 团队 (Solovev et al., 2012) 利用微管马达的形状和不对称性控制其运动，实现了纳米级的机械功能。例如，具有不对称结构的微管可做类似螺旋状的运动，具有作为微工具的潜力。在该工作中，分子束外延沉积的纳米薄膜卷曲为不对称的 InGaAs/GaAs/(Cr)Pt 催化纳米微管，其直径可小至 280 nm。因为薄膜层倾向于沿 InGaAs 的 ⟨110⟩ 方向卷曲，大多数微管在卷曲时都有一定角度。与沿直线移动的圆柱形微管不同，不对称管可以沿独特的螺旋状轨迹移动，这使得它们能够钻进固定的 HeLa 细胞等生物材料中 (图 4.11)。微管的这种螺旋轨迹运动是由氧气泡的不对称释放引起的。这些纳米工具尽管尺寸小，但能够拾取和运输多个酵母细胞到达所需的目标。这些卷曲起的 InGaAs/GaAs/(Cr)Pt 微管钻机的形状不对称程度对其运动轨迹具有很大影响。Sanchez 等人的这项工作展现了特制的微型管马达作为纳米级机械工具的潜力。

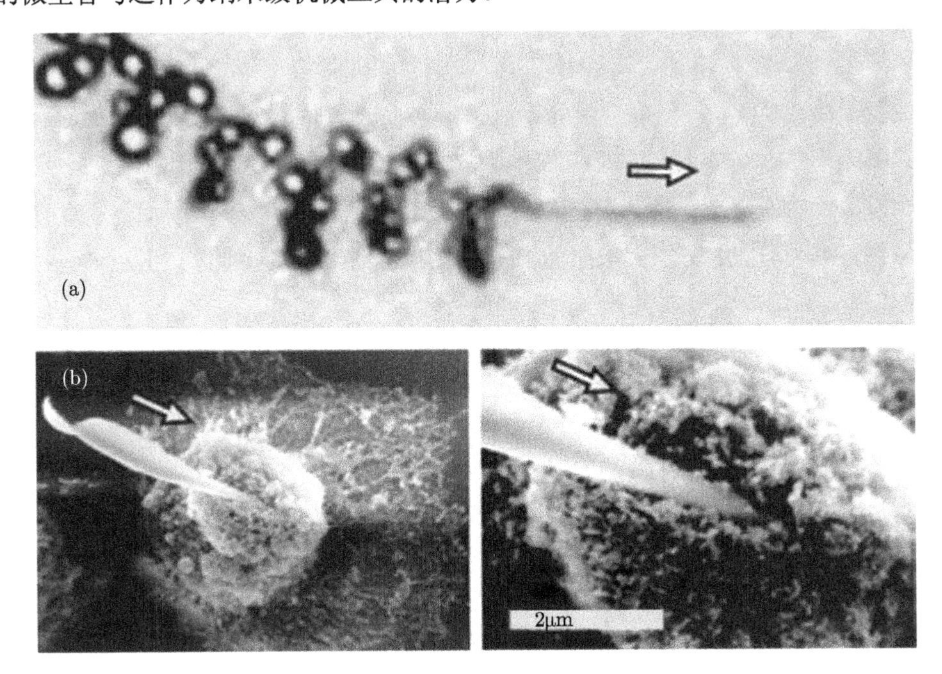

图 4.11 自驱动纳米工具。小型不对称 InGaAs/GaAs/(Cr)Pt 催化微引擎 (管直径：280 nm) 可呈螺旋运动 (a) 或钻入细胞 (b)(经许可转载自 Solovev et al., 2012)

Harazim 等人 (2012) 介绍了基于卷起的 SiO/SiO_2 微管的生物相容性自推进装置。这些"玻璃"微管能方便地进行功能化修饰，从而适用于各种类型的应用。Yao

等人 (2012) 介绍了基于可以自发滚动的氧化石墨烯 (GO) 纳米片的多层管状微型发动机。在这种 GO/Ti/Pt 微管系统中，Pt 位于卷曲管内部，在 H_2O_2 中可以产生氧气气泡推动微喷气马达。

4.2.2.2　模板辅助电化学沉积制备管状微引擎

模板辅助电化学沉积 (Gao et al., 2011a, 2012b; Manesh et al., 2010) 也可以用于高效地制备管状微引擎。Wang 的团队在聚碳酸酯模板的锥形微孔内用电化学方法生长了双层聚苯胺 (PANI)/铂微管 (Gao et al., 2011a)(图 4.12)。这种方法制备得到的 PANI/Pt 微管尺寸 (8 μm) 小于卷曲法制备的微引擎 (50～100 μm)，它可以高速 (每秒超过 375 倍体长) 运动，并且仅需要非常低的燃料浓度 (低至 0.2%浓度的过氧化氢)。与早先采用的自上而下光刻卷曲法制备的催化微管 (Mei et al., 2008; Solovev et al., 2009) 相比，这种电化学模板辅助方法更加简单低成本，并提供了一种由不同材料合成管状微引擎的极好方法。例如，Gao 等人 (2012a) 评估和表征了包含不同材料，包括各种金属和导电聚合物，如聚吡咯 (PPy)、聚合物 (3,4-亚乙基二氧噻吩)(PEDOT) 的模板合成的管状微机器人。通过系统优化这种基于聚合物模板电沉积法制备的管状微机器人的合成参数与组分，能制得在 37℃下每秒运动 1400 倍体长的超快 PEDOT/Pt 双层微型马达 (Gao et al., 2012b)。这种破纪录的速度使微型管马达成为迄今为止运动速度最快的合成微马达。此外，可以通过在层间沉积镍层来实现模板制备的微引擎的磁控运动。

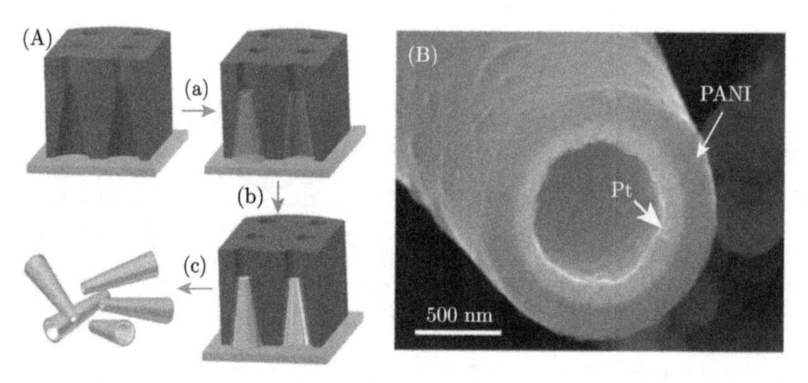

图 4.12　模板制备的聚合物/ Pt 微管马达。(A) 使用具有锥形微孔的聚碳酸酯膜模板制备双层聚合物/ Pt 微管：(a) 外层聚苯胺 (PANI) 微管的电聚合；(b) 内部 Pt 微管的沉积；(c) 模板的溶解和双层微管的释放。(B) 微管马达的 SEM 图像：展示了双层 PANI/Pt 微管的截面图 (经许可转载自 Gao et al., 2011a)

Wang 的研究小组还报道了另一种简化的模板辅助电化学沉积制备方法，该方法通过次序沉积铂和金到锥形银线模板上，之后溶解模板来制备 Au-Pt 微管马达 (Manesh et al., 2010)。虽然这种模板辅助方法可以制得运动性能良好的马达，但是由于其产率较低而限制了该方法的应用。

Pumera 及其同事 (Zhao and Pumera, 2013; Zhao, Ambrosi, and Pumera, 2013) 描述了基于模板法制备的尺寸非常小的双金属 Au-Pt 微引擎 (直径 300 nm，长 4.5 μm)，该微引擎能够在过氧化氢燃料溶液中以接近每秒 40 倍体长的速度移动。他们初始沉积了一层 Ag 导电层，使得后续电化学沉积仅发生在纳米孔的壁上，从而确保所得的 Au-Pt 是中空的纳米管而不是纳米线。另外，Ni 段能使微型马达磁化，使其能够根据外部磁场的方向进行磁对准，从而以朝向或背离磁场源的方向自驱动运动 (Zhao and Pumera, 2013)。

4.3 具有催化活性的 Janus 微粒：球形马达

另一种由燃料驱动的纳米马达是一种不对称包覆的催化微球，也称为 “Janus” 微球。这种不对称颗粒以罗马双面神 Janus 命名 (Hu et al., 2012; Walther and Müller, 2008)。Janus 球通常由具有不同材料和表面化学性质的两个半球组成，其两种不同材料具有不同的化学或物理功能，为其广泛的潜在应用开启了大门。

当 Janus 颗粒的两种材料之一为催化剂时，其表面催化活性的不对称分布，可使 Janus 颗粒催化自驱动。Janus 颗粒马达通常包括催化和非催化面，这导致微球表面燃料的不对称催化分解，并产生驱动颗粒运动的净推进力 (图 4.13)。我们将在 4.3.2 节中探讨，这种运动或许是由于催化分解反应所产生的气泡的分离，或者是因为球表面自发生成局部浓度梯度的自扩散泳 (译注：近几年来也有一些研究表明可能是由于表面蒸镀金属的不均匀导致自电泳效应)。

4.3.1 催化 Janus 颗粒马达的制备

Whitesides 和他的同事首先制备了半包覆金属的亚微米二氧化硅球 (Love et al., 2002)。Howse 的团队在 2007 年首次证明不对称包覆 Pt 层的 1.6 μm 聚苯乙烯 Janus 微球可以自发运动 (Howse et al., 2007)，而后 Zhao 团队发现不对称 Pt 覆盖的二氧化硅微球也可自发运动，如图 4.13 所示 (Gibbs and Zhao, 2009)。Howse 等人发现 Pt-聚合物微球会在稀释的过氧化氢燃料溶液中自发运动，源于燃料被催化

分解成氧气和水 (Howse et al., 2007)。

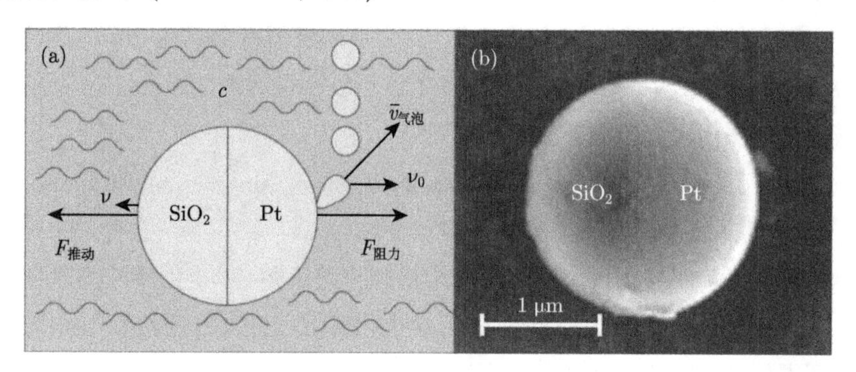

图 4.13　Janus 微球马达的自驱动示意图。微球通过过氧化氢燃料不对称分解成水和氧气所产生的驱动力运动，推进力由纳米气泡分离 (如 a 图) 或自扩散泳产生。(a) 过氧化氢燃料溶液中 Pt 半包覆的微球的受力和速度方向示意图。气泡的脱离产生动量变化，并产生与流体的黏滞力相反的净驱动力；(b)Pt 半包覆的二氧化硅微球的扫描电子显微照片 (经许可转载自 Gibbs and Zhao, 2009)

这种催化 Janus 微粒马达的制备方法如下：通常是先在清洁的显微镜玻璃载片上排列单层二氧化硅或聚苯乙烯微球，随后将金属蒸镀在暴露的颗粒表面上，形成覆盖每个颗粒上半部分的铂催化层 (图 4.14)(Baraban et al., 2012; Rodríguez-Fernández and Liz-Marzán, 2013)。研究人员发现，半包覆的微球的推进速度的均方位移随着过氧化氢浓度的增加而增加 (Howse et al., 2007)。Baraban、Sanchez 和他们的同事制备了球形催化磁性颗粒 (Baraban et al., 2012)。方法是在微球上沉积一层磁帽结构 (超薄多层磁膜 $[Co/Pt]_5$)，而不影响马达的形状，可以通过改变空间磁场取向，来控制磁性催化 Janus 微粒的运动方向，且根据需要，颗粒可停止运动。随后的工作表明，磁场不仅影响 Janus 马达的运动方向，也影响其速度 (Baraban et al., 2013a)。此外，改变施加的均匀磁场的强度可使小球反方向运动。Ebbens 和 Howse(2011) 等人的工作表明，用半球涂覆铂的荧光聚合物微球可以直接跟踪其运动方向，而追踪结果显示微球向远离催化铂面的方向驱动。

目前，已有科研人员提出制备催化不对称 (半包覆) 球形金属颗粒的其他方法。例如，Posner 的研究小组制备了一侧为 Pt，一侧为 Au 的双金属 Janus 球 (Wheat et al., 2010)。这种双金属微球的制备仅需要金属沉积设备和从商家购买的微球。制备得到的球形马达速度与同尺寸和成分的双金属纳米线马达相当。Ozin 的团队制备了由催化铂球和非催化二氧化硅球组成的二聚体，发现其可以在过氧化氢中自主运动 (Valadares et al., 2010)。这些二聚体的制备方法是：先在平的硅–铂基材上沉积一层二氧化硅微球，随后沉积薄的铬黏附层，最后是较厚的铂层。这些球形二聚体显示出独特的动态行为，二聚体中铂颗粒自由旋转时，二氧化硅微球与玻璃基板表面存在相互作用，因而呈现出独特的行为。Gibbs 及其同事制备与驱动了由不同长度和角度的 TiO_2 臂和微球组成的不对称纳米马达 (Gibbs et al., 2011)。该结构通过改变臂长度和取向，在低雷诺数下流体动力学作用会相应变化，因而可用于微调马达的运动轨迹。Kuhn 的小组介绍了一个用双极型电化学方法来制备一端有 Pt 的 Janus 碳微管 (CMT) 的简单单步方法 (Fattah et al., 2011)。

图 4.14 在单层二氧化硅微球顶部蒸镀铂金属膜制备的 Janus 颗粒的扫描电子显微镜图像 (经许可转载自 Baraban et al., 2012)

4.3.1.1 Janus 胶囊马达

Wilson，Nolte 和 van Hest (2012) 将马达进一步微型化，制备了粒径低至 ~400 nm，并且具有生物相容性的马达。这个荷兰团队制备了由聚合物组装而成的碗形超分子聚合物囊泡 (两亲性嵌段共聚物囊泡)，其腔内埋有催化铂纳米颗粒。这种口型 (stomatocyte) 纳米马达的开口结构可以将过氧化氢燃料分解产生的氧气排放出去，从而产生机械运动。通过控制口型纳米马达的碗一样的结构及铂的负载位置和开口大小，可以获得高效推进的纳米颗粒。进一步的实验表明，这些口型纳米马达运动机制主要为自扩散泳和气泡推进机制，前者主要在低 H_2O_2 浓度下主导 (Wilson et al., 2013)。该研究为后续研究不同燃料浓度下的运动机制提供了有用的信息。

Wu 等人 (2012) 结合树枝状 Pt 纳米颗粒的不对称微触印刷技术和逐层 (LbL) 自组装技术 (图 4.15a)，制备了能自发运动的 Janus 胶囊马达。所得的 Janus 胶囊马达由氧气气泡 (图 4.15b) 推动，可在 30%过氧化氢下以超过 1 mm/s(每秒运动距离超过体长 125 倍) 的高速运动，并且也可以在低至 1%的过氧化物溶液中运动。其最大速度 1 mm/s 对应于 75 pN 的斯托克斯流体阻力。

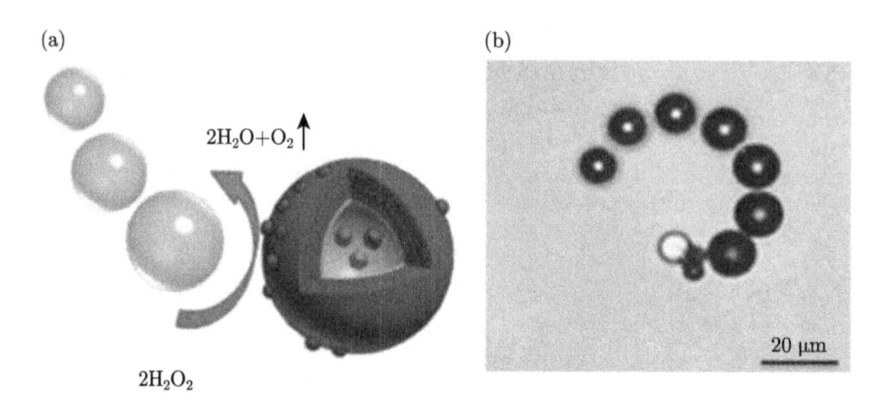

图 4.15　Janus 胶囊马达。(a) 逐层组装的中空胶囊示意图；(b) 气泡驱动的微米胶囊的延时图像 (经许可转载自 Wu et al., 2012)

4.3.2　催化 Janus 球形马达的推进机理

催化型 Janus 颗粒的驱动机制仍然有争议。目前，不对称球形马达的运动机理主要有气泡推进或自扩散泳这两种。Zhao 的团队 (Gibbs and Zhao, 2009; Manjare, Yang, and Zhao, 2012) 提出了基于气泡生长和分离的首个气泡驱动机理模型，该模型中纳米氧气气泡从催化金属薄层的表面分离，从而将动量传递给马达使其运动。铂层上形成的小的氧气泡在最终脱离表面之前，其尺寸不停增长，并在脱离时给予马达动量。如图 4.13 所示，在气泡分离期间，气泡的形状是扭曲的，且初始分离速度非零，并具有水平分量，垂直分量将由重力平衡。而当气泡从表面脱离后，只要仍有过氧化物燃料，就能产生和释放新的气泡。因此，纳米氧气气泡从催化剂表面快速不断分离，不对称地驱动了颗粒运动。此外，虽然气泡生长过程使微粒向前移动，但气泡的破裂使局部压力瞬时下降，因而使微马达短暂地向后运动 (Manjare, Yang, and Zhao, 2012)。对于一些大型马达来说，颗粒很显然是由气泡驱动的，因为可以观察到在马达身后留下的一串气泡，且与催化层所处的位置相符。因此，球形马达在过氧化氢中因氧气气泡喷射引起的连续动量变化而连续地推进 (Gibbs and Zhao, 2009)。由于颗粒附近的水无法溶解由过氧化氢还原产生的局部高浓度的氧气，这种气泡驱动机制因而在介观尺度成为主要驱动机制。

另一个常用于解释 Janus 颗粒的运动机理是自扩散泳，其与反应产物浓度的不对称分布有关 (de Buyl and Kapral, 2013; Golestanian, Liverpool, and Ajdari, 2005; Howse et al., 2007)。当催化反应生成产物的速度大于其被消耗的速度时 (图 4.16)，就会发生这种不对称的产物分布 (即局部浓度梯度)。这种自推进运动的特征为，整个系统处于力平衡 (de Buyl and Kapral, 2013)。基于这种系统力平衡的泳效应 (phoretic) 传输机制，有望设计出梯度诱导定向运动的自推进不对称颗粒。由这种不对称化学反应产生的梯度，可诱导流体在周围介质中流动而驱动颗粒运动。这种运动取决于发生在马达上的化学反应的性质，以及马达所处环境的性质。

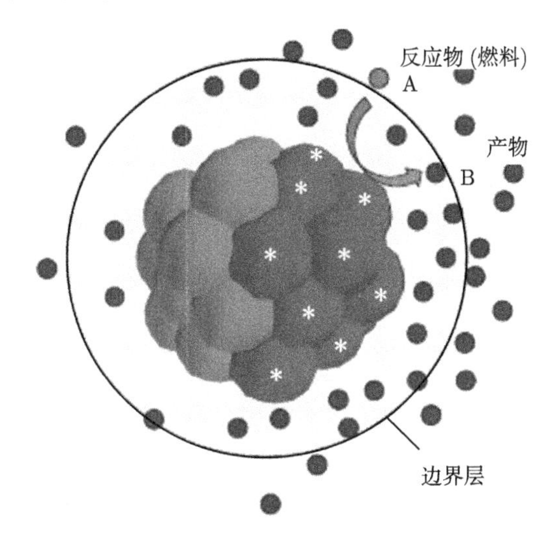

图 4.16 由产物不对称分布导致的 Janus 颗粒的运动 (自扩散泳)。Janus 马达由催化 (标记 *) 和非催化球体组成。该图表示燃料 A 转化为产物 B，即化学反应 A→B，并且图中显示了 Janus 颗粒周围的 B 分子的不均匀分布 (经许可转载自 Kapral，2013)

扩散泳的一个实例是当在初始均匀分布的胶体溶液两端加入电解质浓度梯度时，颗粒会以比布朗扩散速率快得多的速率向高浓度区域迁移。颗粒以不对称方式排出或吸收溶质时，扩散泳也往往会出现。通过溶液分子与微球表面的相互作用，最终引起流体的体积力。人们观察到 Janus 微粒向远离它们的催化铂片方向运动，这也支持了扩散泳机理 (Ebbens and Howse, 2011)。鉴于催化 Janus 颗粒有不同的推进机理，还需要进行更多研究来确定其确切的推进机理。

(译注：在本书成书之后，若干最新研究又对催化分解 H_2O_2 的 Janus 微球的驱动机理提出了新的见解，并强调了离子与电场的作用。请参见以下几篇参考文献：

(1) Brown, A. T.; Poon, W. C. K.; Holm, C.; de Graaf, J. Ionic Screening and Dissociation are Crucial for Understanding Chemical Self-Propulsion in Polar Solvents. *Soft Matter* **2017**, 13(6), 1200-1222.

(2) Brown, A.; Poon, W. Ionic Effects in Self-Propelled Pt-Coated Janus Swimmers. *Soft Matter* **2014**, 10(22), 4016-4017.

(3) Ebbens, S.; Gregory, D. A.; Dunderdale, G.; Howse, J. R.; Ibrahim, Y.; Liverpool, T. B.; Golestanian, R. Electrokinetic Effects in Catalytic Platinum-Insulator Janus Swimmers. *EPL* **2014**, 106(5), 58003-58007.)

根据斯托克斯定律，可以基于球形物体的拖曳力的表达式 ($F_{\mathrm{drag}} = 6\pi\eta rv$；公式 (1.7)) 来估计 Janus 微球马达的驱动力。例如，对于半径为 500 nm 的微球马达，其以 10 μm/s 的速度在水中 (室温下的动态黏度为 10^{-3} Pa·s) 穿过，可以计算得知其受到了 0.09 pN 的流体阻力 (译注：由于在低雷诺数下颗粒所受的阻力等于其驱动力，因而驱动力也为 0.09 pN)。这种 Janus 微球马达的速度与其半径成反比，该规律在半径尺寸范围从 250 nm 至 5 μm 的 Janus 颗粒运动实验中已得到证实 (Ebbens et al., 2012)。

除扩散泳之外的其他泳效应也可以不需要燃料驱动 Janus 微球运动。Baraban 和同事制备出了依赖于自热泳的无需燃料的 Janus 马达 (Baraban et al., 2013b)。在交流磁场中 Janus 马达颗粒的磁帽被局部加热，从而在颗粒周围形成温度差，使其运动。

4.4 化学驱动微纳马达的运动控制

只有当能控制运动方向时，微马达的自驱动才会有一定的应用价值。与宏观物体不同，微纳米马达将能量转换成受控的定向运动时，必须克服布朗运动。控制催化纳米马达的轨迹并调节其速度，可以实现将药物传递到所需位置，并进行纳米组装或形成图案，这为纳米/微米尺度装置未来在各领域的应用提供了可能。因此，提高在空间和时间上控制纳米马达运动的能力是其发展的一个重要方面。理想的控制系统是通过调节纳米马达运动，让其在限定的时间内沿着指定轨迹运动到指定位置。而对于沿着微芯片器件的狭窄微通道内预定路径定向运动的小型马达来说，尤其需要先进的运动方向和转向控制 (参见第 6.3 节)。

对于纳米马达的大多数未来应用来说，无需外场就能将纳米马达引导到目的地十分重要。实现这种方向控制的一个途径是趋化性 (chemotaxis)，即颗粒沿周围环境中化学梯度的运动。沿着不同信号化学物质的浓度梯度运动的纳米马达，在活体实验或传感方面有很高的潜在应用价值 (Ebbens et al., 2012)。我们将在 4.6.2 节中讨论这种响应溶液产生的刺激的定向运动过程。在前面的章节中，我们已经讨论了包含磁性段或薄膜的马达如何利用外部导向实现磁性对准，用于精确转向和定向运动。在本节中将讨论使用各种刺激 (外部输入) 来调节催化驱动的纳米马达的速度。

实现在较宽的速度范围内精确控制纳米马达的运动速度，与能快速重复 “开启/关闭” 马达运动一样，是纳米马达在众多应用中的重大需求。然而能够按需停止马达运动的 “制动系统” 仍然是一个挑战。因此研究人员使用了不同的外部刺激，例如温度、光或电，来触发催化微/纳米马达运动，并用于调节它们的速度，包括实现马达的 “开/关” 循环。这些运动和速度控制的方法可以查阅综述 (Manesh and Wang, 2010)。

4.4.1 热控纳米马达

控制催化过程的温度是目前调节催化驱动马达运动速度的一个有吸引力的方法。Wang 和他的同事 (Balasubramanian et al., 2009) 证明了使用热脉冲可快速调节催化纳米线马达的速度 (图 4.17)。研究人员在重复温度 “开启/关闭” 循环期间，观察到马达高度可逆的热调制运动。他们用加热导线作为局部热源，来控制纳米马达所在平面中的溶液温度。加热时，燃料氧化还原的动力学过程和溶液黏度均发生了变化。因此可以通过调节所施加的温度，使其在较大范围内变化。通过使用含 Ni 磁定向纳米线，热脉冲能够使磁导向的纳米线加减。这种可逆热控制是实现人工纳米马达按需控制操作的一个很好的方式，为人造功能纳米机械的各种未来应用提供了多种多样的可能。

梅永丰及其同事展示了通过激光照射诱导局部加热来提高催化微型管引擎速度的方法 (Liu et al., 2013)。这种光热效应可以让我们使用光远程控制催化活性和

推进行为 (例如，在受限制的微通道环境中)。激光诱导的加热效应可以使微引擎的局部温度升高，从而利用光热增加或调制速度，速度与激光功率呈线性关系。微型引擎的光热控制可以连续和可逆地重复进行 (直到燃料耗尽)，并且可以降低所需的燃料量。

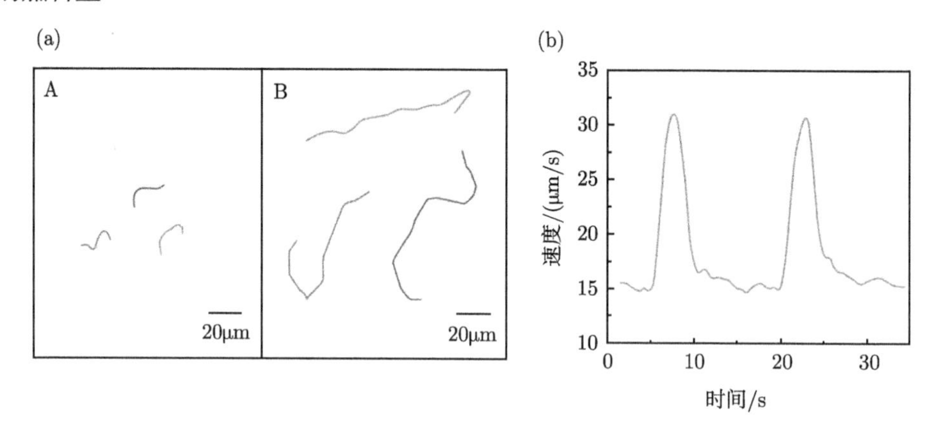

图 4.17　纳米马达运动的热调制。(a) 三个纳米线马达的运动轨迹，其显示出在室温 (A) 和升高温度下 (B) 的不同移动距离；(b) 可逆的 “开/关” 激活。马达响应两个短热脉冲的速度变化 (经许可转载自 Balasubramanian et al., 2009)

4.4.2　催化马达的光控制

Sanchez 团队 (Solovev et al., 2011) 证明白光光源可用于调控气泡驱动的 Ti/Cr/Pt 催化微马达的运动。该光源引起过氧化氢燃料和表面活性剂浓度的局部消耗，抑制气泡的产生，使微管停止运动。通过调暗光源，可以让微管引擎再运动起来。

4.4.3　催化马达的电控制

Wang 的团队介绍了电化学诱导的催化纳米马达运动的可逆 “开/关” 切换，以及如何通过控制所施加的电压来微调马达的速度 (Calvo-Marzal et al., 2009)。在紧邻纳米马达平面放置的金纤维工作电极上施加不同的电位，可使纳米线马达根据需要加速或停止。上述马达的电位运动控制，主要归因于局部过氧化物和氧气的局部浓度，以及与其相关的表面张力梯度。因此，当施加的电位在 $-0.4\,\mathrm{V}$ 和 $+1.0\,\mathrm{V}$ 之间切换时，可实现纳米马达运动的 “开” 和 “关” 循环电化学激活。此外，在此范围内调节电压，可微调马达的运动速度。

4.5 为化学驱动的微/纳米马达寻找替代燃料

大部分的人工马达都是通过金属表面催化分解过氧化氢来获得驱动的。然而，对过氧化氢燃料的依赖，阻碍了催化自驱动微/纳米马达在生物分析中的实际应用。为了扩展这些设备的应用环境，需要探索基于新催化材料和反应的新的原位燃料。特别是在环境或生物医学方面的各种应用更需要其他的燃料来源。替代燃料中特别引人注目的一种是将样品中的基质 (底物) 作为燃料源，从而无需添加外部燃料，且不影响生物目标物的活性。这可以通过识别新的样本中存在的化学燃料来有效替代常见的外部过氧化氢燃料，或者开发新的马达材料和催化反应来实现。

目前，一些研究表明人造纳米马达可以从其他化学反应中获得能量，因而不再需要过氧化氢燃料 (Liu and Sen, 2011; Gao, Uygun, and Wang, 2012; Gao, Pei, and Wang, 2012; Gao et al., 2013a)。例如，Liu 和 Sen(2011) 展示了成分为 1:1 的铜铂 (Cu-Pt) 双段纳米线作为纳米电池在稀释的溴水 (Br_2) 或碘 (I_2) 溶液中的运动。无气泡 Cu-Pt 纳米线的运动推力，主要是纳米棒两端氧化还原反应产生的自电泳推力。实验发现，纳米线速度与电流密度均随 Br_2 浓度的增加而线性增加。该研究表明，不同的氧化还原反应不对称地发生在一个合适的微/纳米结构上，就可以获得驱动，这为自驱动系统的设计提供了参考。

对于微管引擎，研究者们也提出了从其他化学反应中获取能量而生成气泡的设想。例如，2012 年加州大学圣地亚哥分校的科研人员研制出一种使用模板辅助电沉积法制备的聚合物/Zn 微引擎，其自身可以在酸性环境下自推动，而并不需要提供过氧化氢燃料 (Gao, Uygun, and Wang, 2012)。这些酸性驱动的微引擎内部锌层表面 (在微管腔内) 生成氢气气泡，从而依靠高效气泡产生连续推动力推进自身高效运动。这种自驱动的聚苯胺/锌 (PANI/Zn) 微管能以超快的速度 (每秒运动距离高达自身体长 100 倍) 推进，因而有望在未经稀释的生物体介质中载物运输。此外，该微管的速度很大程度上取决于溶液的 pH，溶液中 pH 越低，其运动速度越快。这种速度与 pH 的相关性，表明可以通过马达运动测量极端酸性环境的 pH。然而与氧化物 Pt 微引擎不同，这些酸驱动的微引擎寿命短，仅有 2 分钟，这主要取决于锌的消耗速率与当前锌的量。微引擎在严酷酸性条件下的运动，为微尺度机械在极端化学环境中的运用提供了相当大的可能。

Wang 的研究小组在 2012 年首次提出了使用水作为唯一燃料源的化学自驱动

纳米马达 (Gao, Pei, and Wang, 2012)。这种微尺度的运动，主要由铝–镓 (Al-Ga) 合金的水分解反应连续生成的氢气气泡来推动：

$$2\mathrm{Al}\,(\mathrm{s}) + 6\mathrm{H_2O}\,(\mathrm{aq}) \rightarrow 2\mathrm{Al}\,(\mathrm{OH})_3\,(\mathrm{s}) + 3\mathrm{H_2}\,(\mathrm{g}) \tag{4.7}$$

在该实验中，一面涂有 Ti 层、一面为 Al-Ga 微粒的球型 Janus 微米马达，会发生铝合金和水之间的析氢反应 (图 4.18)。水供能 Al-Ga/Ti Janus 纳米粒子可以以 3 mm/s(每秒运动 150 倍体长) 的惊人速度运动，其驱动力超过 500 pN。此外，可以通过 Al-Ga 液态金属脆化来提高反应和推进效率。这样快速的运动来自于从裸露在水中的 Al-Ga 一侧分离的纳米氢气泡产生的动量，这类似于 Pt Janus 纳米马达在过氧化氢中由氧气气泡推进。实验证明该纳米马达还可以在生物介质比如人类血清中有效推进。然而铝的溶解 (反应式 (4.7)) 表明这样的纳米马达的使用寿命只有 1~3 分钟。若能实现马达寿命的延长，这种新的水驱动马达可大大扩展化学驱动马达的使用环境和应用范围。

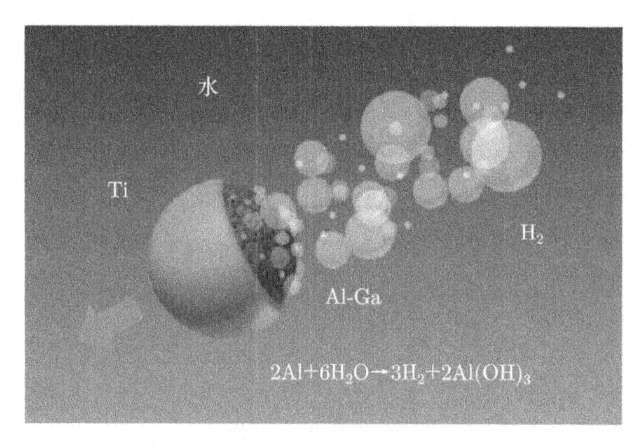

图 4.18　水驱动的 Al-Ga/Ti Janus 微马达。深色半球为 Al-Ga 合金，而浅色区域为在球体一侧的不对称 Ti 涂层 (经许可转载自 Gao，Pei, and Wang，2012)

Gao 等人 (2013a) 介绍了一种化学混合驱动的马达，其可以由三种不同燃料的反应驱动：碱、酸或过氧化氢。这种多燃料的微马达主体为 Al/Pd Janus 微球，通过在铝 (Al) 微颗粒的一面沉积钯 (Pd) 层制备。在强酸或碱性环境中 Al 均能与水反应，生成的氢气能提供有效的推力，而在过氧化氢中 Pd 层产生的氧气气泡可以提供驱动力。当这些 Janus 粒子在不同的环境中，两面都可以参与驱动马达。因此，当一种燃料缺乏时，这些纳米马达无需调整就能在变化的环境中使用。Al Janus 微球也是第一种可以在强碱性介质中化学驱动的微马达。

4.6 集体行为: 集群与趋化性

4.6.1 微粒的触发自组装 (triggered self-organization)

在环境刺激下，合成微粒子可以模仿动物复杂的群体行为，呈现出如集群或趋化性等丰富的集体行为。一大群动物可以彼此协调，进而同步其行为并形成集群结构。这些群体行为包括：蜜蜂的群集、蚂蚁的队列、成群的鸟类或鱼群。这种集群现象来源于个体成员对其周围环境的局部刺激所做出的反应。虽然动物这一协调运动的诸多方面仍未被理解 —— 例如，群体行为是否来源于个体成员之间的相互作用 —— 但自然界的群体行为为研究自组装与具有合作行为的合成纳米材料提供了灵感。鉴于其在纳米医学、纳米机械、运输系统以及化学传感领域的潜在应用，研究人员对能够形成复杂自组装结构的合成微粒子非常感兴趣，例如，多个纳米马达合作行动，可以产生更大的群体力量，有望大幅提升未来的货物运输系统与药物的传输能力。

催化马达的集体行为是一种获得微粒组装系统的好方法 (Sen et al., 2009; Solovev, Sanchez, and Schmidt, 2013)。这种群体行为可能会制备其他方法无法得到的功能化组装体。具有集体行为的小型马达，需要具备以下几点基本要素：(1) 通过催化反应自主运动；(2) 马达之间可通过化学信号交流；(3) 可通过化学物质梯度控制运动方向 (Sen et al., 2009)。

各种外界刺激 (如：光、化学场等) 都可以使合成微粒自组织为独立分布的小团簇。由此产生的微粒子聚集体在时间与空间上均是可逆的。这样的自组装通常归因于微粒中化学物质的分泌，类似于生物体运用化学信号进行交流。而一些研究小组还观察到，这种刺激可以触发微粒子的集群、震荡以及聚集行为。例如，Sen 研究小组将光惰性的 SiO_2 微粒与氯化银 (AgCl) 粒子混合，发现其能在光的诱导下聚集 (Ibele, Mallouk, and Sen, 2009)。用紫外光照射 1~5 分钟后可观察到中等尺度的 AgCl 粒子的 “集群”，这是由光照后颗粒周围电解质梯度不对称分布产生的。当 AgCl 颗粒与二氧化硅颗粒混合时，可以观察到这两种不同粒子的 “捕食者–猎物” 行为，即在紫外光照射下，硅球积极寻找 AgCl 粒子并包围它们。这种集体行为可由自扩散泳行为加以解释，这表明离子信号可以产生复杂的自组装结构。

Hong 等人 (2010) 设计了一种马达体系，可利用二氧化钛 (TiO_2) 颗粒的光催化性能产生运动和可逆集群。在该系统中可以观察到二氧化钛微粒在紫外线诱导下出现可逆且可重复的 “微烟花”(microfireworks) 现象。其光致运动的细节将在 5.4 节进行讨论。Crespi、Sen 及他们的同事 (Ibele et al., 2010) 报道了，氯化银 (AgCl) 微粒在紫外线与稀释过氧化氢溶液同时存在时表现出单粒子和集体的振荡行为 (图 4.19)。这种集体震荡主要源于颗粒表面 AgCl 与金属银之间的可逆转换。Sen(2009) 等人综述了其他集体行为的例子，主要包括颗粒在自泳效应驱动下的相互作用。Duan、Liu 和 Sen(2013) 描述了响应一些外界刺激 (光、化学) 时，微马达表现出可逆的群体行为。这一系统基于正磷酸银 (Ag_3PO_4) 微粒，该颗粒表现出在 “驱逐”(排斥导致的扩散) 和 “群聚”(吸引力导致的聚集) 之间转变。该颗粒类似一个 ‘或非门’(NORgate)，而氨与紫外线是这个逻辑门的两个输入。(译注：或非门指只有当两个输入均为 “0” 时输出才为 “1”。在本例中，只有当氨或紫外线均不加入时，磷酸银颗粒才会呈现群聚状态。)

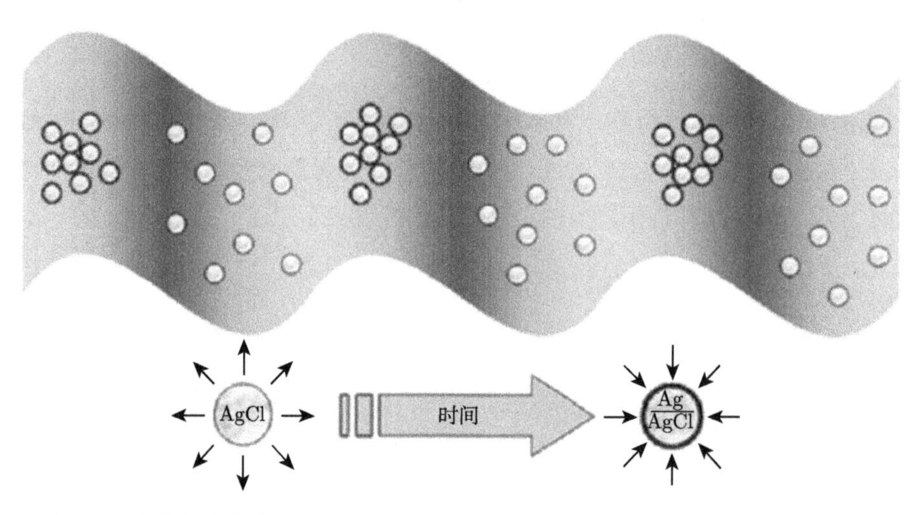

图 4.19　氯化银微粒在紫外光下的可逆群体行为 (经许可转载自 Ibele et al., 2010)

Wang 的小组 (Kagan, Balasubramanian, and Wang, 2011) 演示了 Au 微粒响应局部化学刺激 (肼，或称为联氨) 的群聚行为。如图 4.20 所示，Au 微粒聚集为离散的团簇，正是由于 Au 催化表面生成的离子反应产物的不对称迁移，以及由此产生的电解质浓度梯度导致的。通过用不同的烷硫醇改性球的表面或者控制，可以控制金属颗粒集群的大小和形状。

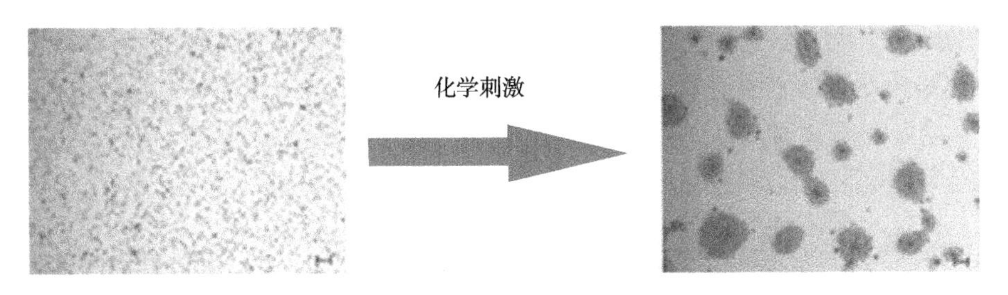

图 4.20 化学触发下 Au 微粒自组织为离散的团簇: (左) 在没有肼的过氧化氢溶液中; (右) 加肼后 30s(经许可转载自 Kagan、Balasubramanian, and Wang, 2011)

Sanchez、Schmidt 及他们的同事研究发现, 自驱动管状微型喷气马达在燃料溶液中自驱动时能够自组装成更复杂的结构 (Solovev, Sanchez, and Schmidt, 2013)。取决于燃料状况、微型喷气马达的浓度和时间, 可以形成小型或大型自组装群体。研究人员发现, 许多气泡驱动的催化微引擎还可以组成一个可逆集群 (Solovev, Sanchez, and Schmidt, 2013)。例如, 在空气–液体界面因半月板爬升效应, 马达自组装成不同图案 (Solovev, Mei, and Schmidt, 2010)。毛细吸引力与这些微引擎的推力的平衡决定了它们的行为, 或者是集体行为, 或者是独立的驱动。吸引力的大小取决于流体的表面张力, 而排斥力取决于微引擎的驱动功率。

通过控制马达的性能, 也可以让马达自组装成不同的独特结构。例如, Wang 以及他的同事 (Gao et al., 2013b) 证明, 可使用疏水作用实现化学驱动 Janus 颗粒马达的组装。在该实验中, 二氧化硅微球表面用十八烷基三氯硅烷 (OTS) 进行了改性, 并在球的一半镀有 Pt 催化涂层。不同的组装结构以及颗粒键合的不同取向, 可以产生不同形式的运动。这一概念可扩展到马达与非马达的定向组装, 通过使用非催化的疏水微粒达到对多个货物的最佳的装载和组织。

Gibbs 与 Zhao 的工作 (2010) 表明, 自组装催化纳米马达可由多个个体通过随机自组装或定向自组装构成。自组装结构是由独立的部分组成的, 这导致整个系统以与单个个体不同的方式运动。

4.6.2 趋化性: 沿浓度梯度运动

趋化性是生物系统中的常见现象。趋化性是生物体通过有取向的随机运动过程沿着浓度梯度的运动, 这种运动或是靠近化学吸引物, 或者远离有毒物质和排斥物 (Berg, 1975; Macnab and Koshland, 1972; Scharf et al., 1998)。在自然界中, 这一现象非常广泛, 因为生物体依靠它去察觉以及响应它们周围环境中的化学物质。

趋化性分为正与负，取决于运动是朝向还是远离高化学浓度的区域，在这两种情况下，高浓度化学物质分别被称为“引诱剂”(attractant) 和“排斥剂”(repellant)。例如，如果生物沿梯度向上时扩散系数增大，则平均移动距离就增大，因而会朝向引诱剂方向移动。

生物能够探测周边环境的化学物质并作出响应，这样的例子在生物界比比皆是，例如，空间上分隔的细胞能够利用趋化性相互交流以及完成群体任务。这种能发现和应对局部环境变化的能力，对生物的生存是至关重要的。人们研究最多的系统是大肠杆菌这样的细菌的趋化性。例如，趋化性是细菌有效应对环境刺激从而逃离毒素或寻找食物的主要机制 (Berg, 1975, 1993)，细菌可以因此找到它们生长和存活的最佳条件。细菌在空间和时间上感应并响应外部信息。它可以感知引诱剂或排斥剂的浓度梯度，并在朝向引诱剂的方向或远离排斥剂的方向穿过溶液 (Scharf et al., 1998)。这种趋化性是通过将化学刺激在时间上的变化转变为对细胞运动方向的调整来实现的 (Alon, 1998)。具体来说，细菌通过趋化性蛋白质 CheY 调节鞭毛旋转 (从逆时针的方向转为顺时针)，从而调整其运动，以便其靠近引诱剂或摆脱排斥剂。而添加化学引诱剂 (如天冬氨酸盐) 或除去排斥剂 (如亮氨酸) 能增强细菌的逆时针旋转，使细胞运动距离变长，从而向对他们有利的方向移动 (Eisenbach, 1996; Scharf et al., 1998)。

精子向卵子的运动也是一种常见的趋化现象，在确保卵子受精中扮演着重要角色。在这一过程中引诱剂可以改变精子鞭毛的击打运动。例如，当引诱剂存在时，许多海洋无脊椎动物的精子会从圆周运动变为快速转向运动。而“趋向性”泛泛来说意味着感知和响应局部环境下的不同梯度，并且在该梯度下定向运动 (朝向或远离它的来源)。响应周围环境中的其他梯度的变化，如温度、磁场或光，也能产生相应的趋温性、趋磁性或趋光性。例如，趋温性能够引导精子从较冷的存储区向温暖的雌性输卵管受精点运动 (Bahat and Eisenbach, 2006)。

目前人们已经在一些非生物系统中观察到趋化性。在这些系统中，合成的微颗粒响应环境的变化，尤其是化学刺激水平的变化而运动 (Hong et al., 2007; Sen et al., 2009)。能够指导人造纳米马达通过趋化作用，即响应化学物质的浓度梯度 (而不是运用外加的场)，而运抵目的地，对于微米/纳米马达的未来应用十分有利，尤其是对定向控制生物有机体内自主运动的医疗器械来说。然而迄今为止大多数人工纳米马达并不能感知浓度梯度或将自己身体与梯度方向对准 (除了燃料梯度)。

因此，很少有人工合成的纳米马达能够表现出类似于生物系统中的趋化现象。

小尺寸催化马达在高浓度燃料中速度较快，所以可能会向燃料浓度梯度更高的方向迁移。Sen 和他的同事们 (Hong et al., 2007) 设计了第一个能响应输入“信息”(化学梯度) 而呈现涌现 (emergent) 集体行为的纳米/微米马达。在过氧化氢浓度梯度中，催化 Pt-Au 纳米线会在高燃料浓度区域慢慢累积。这种纳米线马达向高燃料梯度的运动，据推测是由于在高燃料浓度下具有较快的“动力扩散”，而不是由于微生物所使用的复杂“时间感应”机制。Sen 等人观察到的现象为设计沿着燃料梯度驱动的装置提供了思路。

除燃料梯度外，还急需能实现基于其他化学梯度的马达的定向运动。Chattopadhyay 组 (Dey et al., 2013) 展示了一种非生物的 pH 趋向运动。该小组报道了人工合成过氧化氢催化驱动的微球能够感知 pH 梯度。并引导微球以较高速度向高 pH 区域运动。这种 pH 趋向性是由于不同溶液 pH 下的过氧化氢燃料浓度会发生变化。在 4.6.1 节中我们已经提到了其他的趋化性例子，例如运动的微/纳米马达能够释放化学物质并引发颗粒的群体行为。

Ebbens 等人 (2012) 描述了一个有吸引力的概念，它结合对单个马达运动轨迹的控制和对溶液刺激的响应。作者模拟了材质为水凝胶的一大群催化马达，在局部刺激下 (如 pH) 可以改变自身的尺寸。通过这种方法有望获得能自主控制空间分布的微马达。

Pumera 与 Sanchez 展示了人工微管引擎的趋磁性行为 (Zhao and Pumera, 2013; Zhao et al., 2012)。内含 Ni 的微型喷气马达可根据外加磁场排列，从而靠近或远离磁场源运动。这种行为类似于可根据施加的磁场来定向含 Fe_3O_4 的趋磁细菌 (例如: 趋磁螺旋菌)。即使已经死亡，这些细菌仍然可以像指南针一样根据外加磁场自定向。

4.7 生物催化驱动

由多种酶的集合体驱动的生物催化驱动，无需过氧化氢，是驱动微引擎运动的另一种方法 (Mano and Heller, 2005; Pantarotto, Browne, and Feringa, 2008)。因为酶的多样性，生物催化驱动大大扩展了微/纳米马达的驱动方法，酶反应为机械推进提供了能量。例如，Feringa 和他的同事们 (Pantarotto, Browne, and Feringa, 2008) 描述了双酶 (葡萄糖氧化酶/过氧化氢酶) 功能化的碳纳米管，依靠葡萄糖燃料生成过氧化氢和氧气推动纳米管自主运动 (图 4.21(A))。实验中通过使用 1-乙基-(3-二甲基氨基丙基) 碳酰二亚胺偶联剂 (EDC)，将两个酶耦合在有羧酸官能团的纳米管上。葡萄糖氧化酶将葡萄糖和氧气转化为葡萄糖酸内酯和过氧化氢。然后过氧化氢酶将过氧化氢分解，生成水和氧气。酶反应中产生的氧气驱动碳纳米管运动。

Mano 与 Heller(2005) 报道了葡萄糖–氧气驱动的在气液界面运动的碳纤维 (图 4.21(B))，其两端连有葡萄糖氧化酶和还原氧气的胆红素氧化酶。在阳极端，葡萄糖的氧化还原反应在溶液中产生质子，质子随即在阴极胆红素氧化酶的氧还原反应中被消耗。质子浓度梯度因而提供了一个有效的生物电化学动力推进机制，类似于自电泳的纳米线。因此阳极端的葡萄糖氧化和阴极端氧气的还原使葡萄糖–氧气反应产生了能量及高效的生物电化学运动。整个系统类似于一个小型、短路的生物燃料电池。

固定在微观内壁的过氧化氢酶生物催化剂层可替代电催化金属 Pt 推动微管引擎 (Gao et al., 2012a; Sanchez et al., 2010)。通常在混合自组装单层 11-巯基十一烷酸 (MUA)/ 6-巯基正己醇 (MCH) 烷硫醇上，通过碳化二亚胺 (EDC)/ N-羟基丁二酰亚胺 (NHS) 将酶固定在 Au 层。例如，Sanchez 等人 (2010) 展示了一种过氧化氢酶修饰的卷曲的 Ti-Au 生物催化驱动微喷气马达 (Sanchez et al., 2010)。在微管引擎内部的酶层，生物催化分解过氧化氢燃料产生氧气气泡，使微管在溶液中快速运动。酶驱动的微引擎在 1.5 %过氧化氢溶液中以每秒 10 倍体长的速度运动。Harazim 等人 (2012) 制备了内壁有一层薄金层的卷曲的 SiO/SiO_2 微管，其中 Au 层上修饰有自组装的单层过氧化氢酶 (Harazim et al.,2012)。

Wang 的团队通过模板辅助法合成了过氧化氢酶驱动的管状微引擎 (Gao et al., 2012a)。模板辅助电沉积制备的聚合物-Au 微管表面非常粗糙，便于固定大量的酶。这样制备的生物催化双层微引擎驱动良好，其在较低浓度的过氧化氢 (0.5%) 溶液中能以每秒 8 倍体长的速度运动。而在同环境下，没有酶的微管并不能观察到运动。

基于分子催化剂的模拟酶也能够驱动物体运动。例如，Feringa 的团队报道了表层附着有合成物 $[(Mn(II)(L^-))2(RCO_{2-})]+(1)$ (其中 HL 为 2-{[[二 (2-吡啶基) 甲基](甲基) 氨基] 甲基}苯酚的微颗粒可以模拟过氧化氢酶自驱动运动 (Vicario et al., 2005)。分子催化剂通过羧基固定在颗粒表面，其催化活性得到了很好的保留。

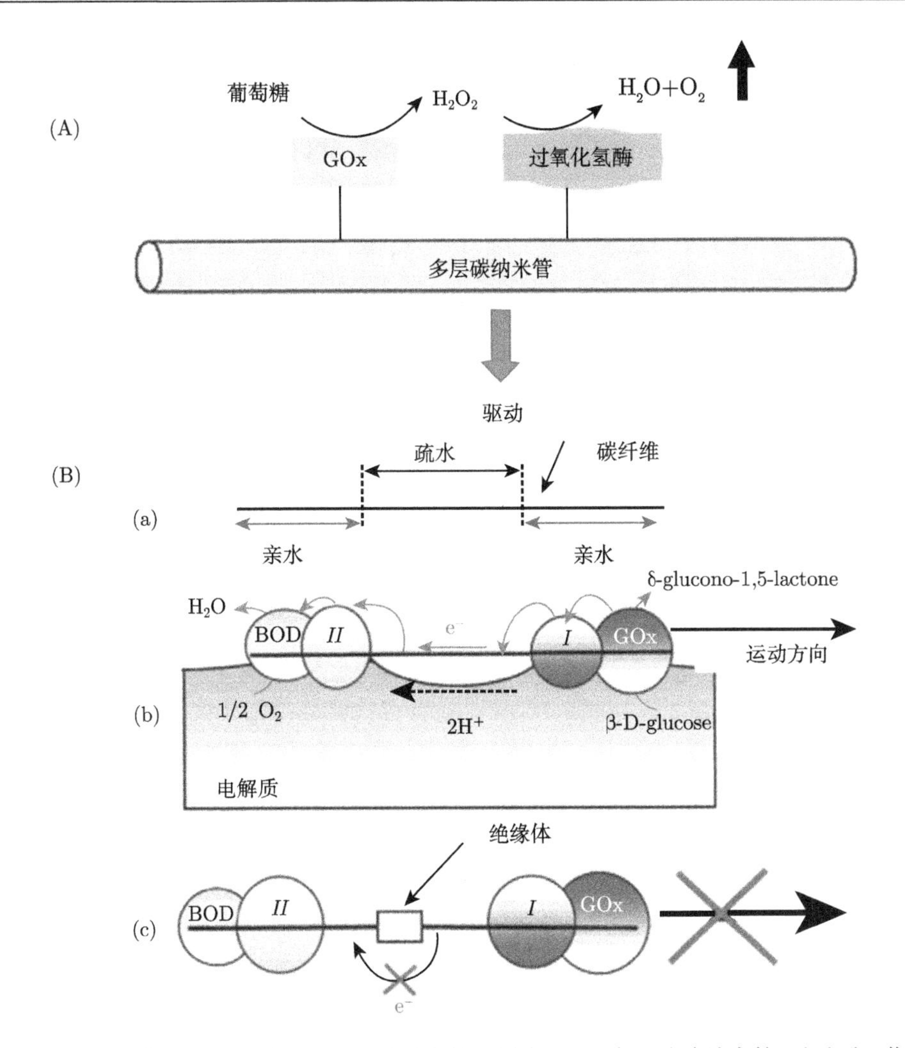

图 4.21 双酶生物催化驱动的功能化碳纳米管和纤维。(A) 自驱动碳纳米管，由多酶 (葡萄糖氧化酶/过氧化氢酶) 提供动力；(B) 葡萄糖–氧气驱动的碳纤维，在两端连接着葡萄糖氧化酶 (GOx) 和还原氧气的胆红素氧化酶 (BOD)(经许可转载自 Pantarotto et al., 2008(A) 与 Mano and Heller, 2005 (B))

Sen 的团队研究了生物催化诱导的单一酶分子的扩散增强效应 (Muddana et al., 2010; Sengupta et al., 2013)。例如，脲酶分子扩散增强效应与酶反应底物浓度有关，而在脲酶抑制剂存在的情况下扩散增强效应则会大大减弱。扩散的增强是由于酶的反应产生了带电的产物，导致在酶周围产生非对称电场以及电泳力，这类似于非对称微米颗粒的自扩散泳驱动。该宾州州立大学的科研团队也证明了过氧化氢酶分子的扩散运动随着过氧化氢底物浓度的增加而加快 (Sengupta et al., 2013)。实验中底物的浓度梯度是由一个微流体装置产生的。(译注：酶在底物存在下的扩散增强效应近几年是备受瞩目且颇有争议的问题，其机理尚未阐明。)

4.8 化学物质非对称释放引发的运动

另一种自驱动机制涉及从物体中不对称释放有机溶剂 (Sharma, Chang, and Velev, 2012; Zhao and Pumera, 2012a, 2012b; Zhao, Seah, and Pumera, 2011)。这种推进机制的范例之一是著名的马兰格尼 (Marangoni) 效应驱动的樟脑片。马兰格尼效应是基于表面张力梯度的运动，与自然界的一些自发过程有关。合成粒子可以依靠马兰格尼效应驱动：当有机溶剂从粒子中不对称释放，在粒子周围产生局部浓度梯度和不对称的表面张力时，这种表面张力梯度就导致颗粒的定向运动。这种马达自驱动不需要任何外部能源，也不需要化学燃料的供给。然而到目前为止，马兰格尼驱动仅在毫米–厘米尺度这样相对较大的宏观物体上实现了，而尚未应用到微米尺度的器件上。

Pumera 和他的同事描述了一种毫米大小能在各种气液界面快速运动的自驱动聚合物薄片 (Zhao，Seah，and Pumera，2011)。该聚合物薄片的运动主要是由 N,N'-二甲基甲酰胺 (DMF) 从聚合物中的不对称释放以及局部液体的表面张力的不对称变化导致的 (图 4.22)。由于系统期望达到自由能最低的状态，聚合物就从表面张力较低的区域通过 Marangoni 效应高速 (每秒体长的 60 倍) 运动到表面张力较高的区域。Zhao 和 Pumera(2012b) 还展示了一种可识别油–水这种液–液界面，并且可在该界面自主运动的毫米尺寸的自驱动聚合物马达。

Velev 的团队描述了一类新的自驱动凝胶颗粒，其能够连续几个小时表现出独特的脉冲运动，并且能以复杂、多方向、预编程的轨迹运动 (Sharma, Chang, and Velev, 2012)。该粒子是通过在封闭的塑料管内灌注含有乙醇的聚丙烯酰胺水凝胶醇来制备的。这种凝胶小船能生成使其自驱运动的局部浓度梯度。颗粒能够持续运动多久主要取决于水凝胶中表面活性物质的浓度。

通过界面处的马兰格尼效应产生表面张力的变化还可以让内含催化剂的油珠通过分解溶液中的表面活性剂自发运动 (Toyota et al., 2009)。一个包含 5 mol% 两亲性催化剂的辛基苯胺微油滴因而在 4-辛基苯胺的两亲性前驱体水溶液中自发运动，并产生微小的油滴。在油滴表面发生了表面活性剂的水解，从而导致了液滴表面的表面张力的不平衡，并驱动了液滴的运动。

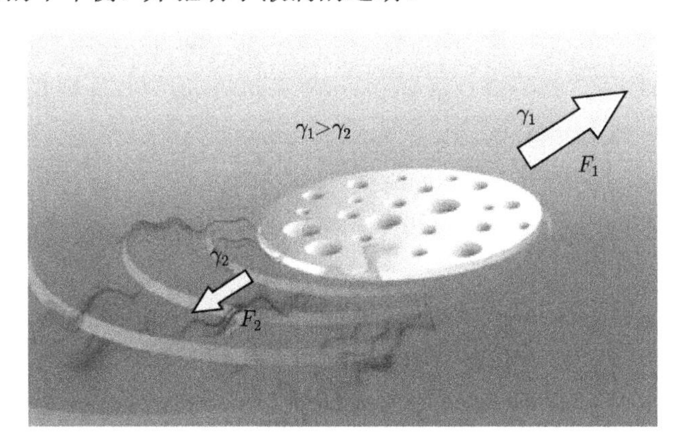

图 4.22 胶囊的运动机制。DMF 从胶囊中不对称的释放，由于 DMF-水混合物的表面张力 (γ_2) 低于水 (γ_1)，力 F_1 就大于 F_2，因此有一个向前的合力，拉动薄片在水中运动 (经许可转载自 Zhao，Seah，and Pumera，2011)

4.9 聚合诱导反应引发的运动

Sen 和他的同事们 (Pavlick et al., 2011) 展示了一种人工马达系统，其可利用催化聚合反应使其扩散增强。该马达是由冰片烯 (norbornene) 的开环异位聚合 (ring opening metathesis polymerization，简称为 ROMP) 产生的能量驱动运动的。在该实验中金–二氧化硅 Janus 微球马达在二氧化硅一边修饰了有机金属格拉布 (Grubbs) 聚合催化剂，能催化小分子构建成分子长链。选择格拉布开环异位聚合反应 (Grubb ROMP) 主要是因为其相对较高的稳定性和冰片烯的高聚合活性。当这些被修饰过的微球放入含有冰片烯的溶剂中，催化剂能使小分子连接起来成为高分子链，使 Janus 球的扩散增强。马达沿着单体浓度梯度向高浓度区运动，显示出趋化的行为。其他类型的催化反应也有望用于其他微米尺寸物体的聚合反应驱动中。

参 考 文 献

Alon, U., Surette, M.G., Barkai, N., and Leibler, S. (1998) Robustness in bacterial chemotaxis. *Nature*, **397**, 168–171.

Bahat, A., and Eisenbach, M. (2006) Sperm thermotaxis. Mol. Cell. *Endocrinol.*, **252**,

115–119.

Balasubramanian, S., Kagan, D., Manesh, K., Calvo-Marzal, P., Flechsig, G.U., and Wang, J. (2009) Thermal modulation of nanomotor movement. *Small*, **5**, 1569–1574.

Balasubramanian, S., Kagan, D., Hu, C.M., Campuzano, S., Lobo-Castañon, M.J., Lim, N., Kang, D.Y., Zimmerman, M., Zhang, L., and Wang, J. (2011) Micromachine enables capture and isolation of cancer cells in complex media. *Angew. Chem. Int. Ed.*, **50**, 4161–4164.

Baraban, L., Makarov, D., Streubel, R., Monch, I., Grimm, D., Sanchez, S., and Schmidt, O.G. (2012) Catalytic Janus motors on microfluidic chip: deterministic motion for targeted cargo delivery. *ACS Nano*, **6**, 3383–3389.

Baraban, L., Makarov, D., Schmidt, O.G., Cuniberti, G., Leiderer, P., and Erbe, A. (2013a) Control over Janus micromotors by the strength of a magnetic feld. *Nanoscale*, **5**, 1332–1336.

Baraban, L., Streubel, R., Makarov, D., Han, L., Karnaushenko, D., Schmidt, O.G., and Cuniberti, G. (2013b) Fuel free locomotion of Janus motors: magnetically induced thermophoresis. *ACS Nano*, **7**, 1360–1367.

Bentley, A.K., Farhoud, M., Ellis, A.B., Licensky, G.C., Nickel, A.N., and Crone, W. (2005) Template synthesis and magnetic manipulation of nickel nanowires. *J. Chem. Educ.*, **82**, 765–768.

Berg, H.C. (1975) Chemotaxis in bacteria. *Annu. Rev. Biophys. Bioeng.*, **4**, 119–136.

Berg, H.C. (1993) Random Walks in Biology, Princeton University Press, Princeton, NJ.

Burdick, J., Laocharoensuk, R., Wheat, P.M., Posner, J.D., and Wang, J. (2008) Synthetic nanomotors in microchannel networks: directional microchip motion and controlled manipulation of cargo. *J. Am. Chem. Soc.*, **130**, 8164–8165.

Calvo-Marzal, P., Manesh, K.M., Kagan, D., Balasubramanian, S., Cardona, M., Flechsig, G.U., Posner, J., and Wang, J. (2009) Electrochemically -triggered motion of catalytic nanomotors. *Chem. Commun.*, 4509–4511.

Campuzano, S., Kagan, D., Orozco, J., and Wang, J. (2011) Motion-based sensing and biosensing using electrochemically propelled nanomotors. *Analyst*, **136**, 4621–4630.

Catchmark, J.M., Subramanian, S., and Sen, A. (2005) Directed rotational motion of microscale objects using interfacial tension gradients continually generated via catalytic reactions. *Small*, **1**, 202–206.

de Buyl, P., and Kapral, R. (2013) Phoretic self-propulsion: a mesoscopic description of reaction dynamics that powers motion. *Nanoscale*. doi: 10.1039/C2NR33711H.

Demirok, U.K., Laocharoensuk, R., Manesh, K.M., and Wang, J. (2008) Ultrafast catalytic alloy nanomotors. *Angew. Chem. Int. Ed.*, **120**, 9489–9491.

Dey, K.K., Bhandari, S., Basu, S., and Chattopadhyay, A. (2013) The pH taxis of an intelligent catalytic microbot. *Small*, doi: 10.1002/smll.201202312.

Duan, W., Liu, R., Sen, A. (2013) Transition between collective behaviors of micromotors in response to different stimuli. *J. Am. Chem. Soc.*, **135**, 1280–1283.

Ebbens, S., Tu, M.-H., Howse, J.R., and Golestanian, R. (2012) Size dependence of the propulsion velocity for catalytic Janus-sphere swimmers. *Phys. Rev. E*, **85**, 020401(R).

Ebbens, S.J., and Howse, J.R. (2010) In pursuit of propulsion at the nanoscale. *Soft Matter*, **6**, 726–738.

Ebbens, S.J., and Howse, J.R. (2011) Direct observation of the direction of motion for spherical catalytic swimmers. *Langmuir*, **27**, 12293–12296.

Ebbens, S.J., Buxton, G.A., Alexeev, A., Sadeghi, A., and Howse, J.R. (2012) Synthetic running and tumbling: an autonomos navigation strategy for catalytic nanoswimmers. *Soft Matter*, **8**, 3077–3082.

Eisenbach, M. (1996) Control of bacterial chemotaxis. *Mol. Microbiol.*, **20**, 903–910.

Fattah, Z., Loget, G., Lapeyre, V., Garrigue, P., Warakulwit, C., Limtrakul, J., Bouffer, L., and Kuhn, A. (2011) Straightforward single-step generation of microswimmers by bipolar electrochemistry. *Electrochim. Acta*, **56**, 10562–10566.

Fournier-Bidoz, S., Arsenault, A.C., Manners, I., and Ozin, G.A. (2005) Synthetic self-propelled nanorotors. *Chem. Commun.*, **4**, 441–443.

Gao, W., Sattayasamitsathit, S., Manesh, K., and Wang, J. (2011b) Hybrid nanomotor: catalytically/magnetically powered adaptive nanowire swimmer. *Small*, **7**, 2047–2051.

Gao, W., Pei, A., and Wang, J. (2012) Water-driven micromotors. *ACS Nano*, **6**, 8342–8438.

Gao, W., Uygun, A., and Wang, J. (2012) Hydrogen-bubble propelled zinc-based microrockets in strongly acidic media. *J. Am. Chem. Soc.*, **134**, 897–900.

Gao, W., Sattayasamitsathit, S., Uygun, A., Pei, A., Ponedal, A., and Wang, J. (2012a) Polymer-based tubular microbots: role of composition and preparation. *Nanoscale*, **4**, 2447–2453.

Gao, W., Sattayasamitsathit, S., and Wang, J. (2012b) Catalytically propelled nanomotors: how fast can they move? *Chem. Rec.*, **12**, 224–231.

Gao, W., D'Agostino, M., Garcia-Gradilla, V., Orozco, J., and Wang, J. (2013a) Multi-fuel driven Janus micromotors. *Small*, **9**, 467–471.

Gao, W., Pei, A., Feng, X., Hennessy, C., and Wang, J. (2013b) Organized self-assembly of Janus micromotors with hydrophobic hemispheres. *J. Am. Chem. Soc.*, **135**, 998–1001.

Gibbs, J.G., and Zhao, Y. (2010) Self-organized multiconstituent catalytic nanomotors. *Small*, **6**, 1656–1662.

Gibbs, J.G., and Zhao, Y. (2011) Catalytic nanomotors: fabrication, mechanism, and applications. *Front. Mater. Sci.*, **5**, 25–39.

Gibbs, J.G., and Zhao, Y.P. (2009) Autonomously motile catalytic nanomotors by bubble propulsion. *Appl. Phys. Lett.*, **94**, 163104–163107.

Gibbs, J.G., Kothari, S., Saintillan, D., and Zhao, Y.-P. (2011) Geometrically designing the kinematic behavior of catalytic nanomotors. *Nano Lett.*, **11**, 2543–2550.

Golestanian, R., Liverpool, T.B., and Ajdari, A. (2005) Propulsion of a molecular machine by asymmetric distribution of reaction products. *Phys. Rev. Lett.*, **94**, 220801.

Harazim, S.M., Xi, W., Schmidt, C.K., Sanchez, S., and Schmidt, O.G. (2012) Fabrication and applications of large arrays of multifunctional rolled-up SiO/SiO_2 microtubes. *J. Mater. Chem.*, **22**, 2878–2884.

Hong, Y., Blackman, N.M.K., Kopp, N.D., Sen, A., and Velegol, D. (2007) Chemotaxis of nonbiological colloidal rods. *Phys. Sci. Rev.*, **99**, 178103–178107.

Hong, Y., Diaz, M., Cordova-Figueroa, U.M., and Sen, A. (2010) Light-driven titanium-dioxide-based reversible microfreworks and micromotor/micropump systems. *Adv. Funct. Mater.*, **20**, 1568–1576.

Howse, J.R., Jones, R.A., Ryan, A.J., Gough, T., Vafabakhsh, R., and Golestanian, R. (2007) Self-motile colloidal particles: from directed propulsion to random walk. *Phys. Rev. Lett.*, **99** (4), 048102 (4 pages).

Hu, J., Zhou, S., Sun, Y., Fang, X., and Wu, L. (2012) Fabrication, properties and applications of Janus particles. *Chem. Soc. Rev.*, **41**, 4356–4378.

Huang, G., Wang, J., and Mei, Y. (2012) Material considerations and locomotive capability in catalytic tubular microengines. *J. Mater. Chem.*, **22**, 6519–6525.

Hurst, S.J., Payne, E.K., Qin, L., and Mirkin, C.A. (2006) Multi-segmented one dimensional nanorods prepared by hard-template synthetic methods. *Angew. Chem. Int. Ed.*, **45**, 2672–2692.

Ibele, M., Mallouk, T., and Sen, A. (2009) Schooling behavior of lightpowered autonomous micromotors in water. *Angew. Chem. Int. Ed.*, **48**, 3308–3312.

Ibele, M.E., Lammert, P.E., Crespi, V.H., and Sen, A. (2010) Emergent, collective oscillations of self-mobile particles and patterned surfaces under redox conditions. *ACS Nano*, **4**, 4845–4851.

Ismagilov, R.F., Schwartz, A., Bowden, N., and Whitesides, G.M. (2002) Autonomous movement and self-assembly. *Angew. Chem. Int. Ed.*, **41**, 652–654.

Kagan, D., Calvo-Marzal, P., Balasubramanian, S., Sattayasamitsathit, S., Manesh, K., Flechsig, G., and Wang, J. (2010) Chemical sensing based on catalytic nanomotors: motion-based detection of trace silver. *J. Am. Chem. Soc.*, **131**, 12082–12083.

Kagan, D., Balasubramanian, S., and Wang, J. (2011) Chemically-triggered swarming of gold microparticles. *Angew. Chem. Int. Ed.*, **50**, 503–506.

Kapral, R. (2013) Perspective: nanomotors without moving parts that propel themselves in solution. *J. Chem. Phys.*, **138**, 020901.

Kline, T.R., Paxton, W.F., Mallouk, T.E., and Sen, A. (2005) Catalytic nanomotors: remote-controlled autonomous movement of striped metallic nanorods. *Angew. Chem. Int. Ed.*, **44**, 744–746.

Kline, T.R., Tian, M., Wang, J., Sen, A., Chan, M.W.H., and Mallouk, T.E. (2006) Template-grown metal nanowires. *Inorg. Chem.*, **45**, 7555–7565.

Laocharoensuk, R., Burdick, J., and Wang, J. (2008) CNT-induced acceleration of catalytic nanomotors. *ACS Nano*, **2**, 1069–1075.

Li, J.X., Huang, G.S., Ye, M.M., Li, M.L., Liu, R., and Mei, Y.F. (2011) Dynamics of catalytic tubular microjet engines: dependence on geometry and chemical environment. *Nanoscale*, **3**, 5083–5089.

Liu, R., and Sen, A. (2011) Autonomous nanomotor based on copper–platinum segmented nanobattery. *J. Am. Chem. Soc.*, **133**, 20064–20067.

Liu, Z., Li, J., Wang, J., Huang, G., Liu, R., and Mei, Y. (2013) Small-scale heat detection using catalytic microengines irradiated by laser. *Nanoscale*. doi: 10.1039/C2NR32494F

Love, J.C., Gates, B.D., Wolfe, D.B., Paul, K.E., and Whitesides, G.M. (2002) Fabrication and wetting properties of metallic half-shells with submicron diameters. *Nano Lett.*, **2**, 891–894.

Macnab, R.M., and Koshland, D.E., Jr. (1972) The gradient-sensing mechanism in bacterial chemotaxis. *Proc. Natl. Acad. Sci. U. S. A.*, **69**, 2509–251.

Mallouk, T.E., and Sen, A. (2009) Powering nanorobots. *Sci. Am.*, **300**, 72–77.

Manesh, K.M., and Wang, J. (2010) Motion control at the nanoscale. *Small*, **6**, 338–345.

Manesh, K.M., Cardona, M., Yuan, R., Clark, M., Balasubramanian, S., Kagan, D., Balasubramanian, S., and Wang, J. (2010a) Template-assisted fabrication of salt-independent catalytic tubular microengines. *ACS Nano*, **4**, 1799–1804.

Manesh, K.M., Balasubramanian, S., and Wang, J. (2010) Nanomotor-based "writing" of surface microstructures. *Chem. Commun.*, **46**, 5704–5706.

Manjare, M., Yang, B., and Zhao, Y.-P. (2012) Bubble driven quasioscillatory translational motion of catalytic micromotors. *Phys. Rev. Lett.*, **109**, 128305.

Mano, N., and Heller, A. (2005) Bioelectrochemical propulsion. *J. Am. Chem. Soc.*, **127**, 11574–11575.

Mei, Y., Huang, G., Solovev, A.A., Urena, E.B., Monch, I., Ding, F., Reindl, T., Fu, R.K.Y., Chu, P.K., and Schmid, O.G. (2008) Versatile approach for integrative and functionalized tubes by strain engineering of nanomembranes on polymer. *Adv. Mater.*, **20**, 4085–4090.

Mei, Y., Solovev, A.A., Sanchez, S., and Schmidt, O.G. (2011) Rolled-up nanotech on polymers: from basic perception to self-propelled catalytic microengines. *Chem. Soc. Rev.*, **40**, 2109–2119.

Mirkovic, T., Zacharia, N.S., Scholes, G.D., and Ozin, G.A. (2010a) Fuel for thought: chemically powered nanomotors out-swim nature's flagellated bacteria. *ACS Nano*, **4**, 1782–1789.

Mirkovic, T., Zacharia, N.S., Scholes, G.D., and Ozin, G.A. (2010b)Nanolocomotion–catalytic nanomotors and nanorotors. *Small*, **6**, 159–167.

Muddana, H.S., Sengupta, S., Mallouk, T.E., Sen, A., and Butler, P.J. (2010) Substrate catalysis enhances single-enzyme diffusion. *J. Am. Chem. Soc.*, **132**, 2110–2111.

Ozin, G.A., Manners, I., Fournier-Bidoz, S., and Arsenault, A. (2005) Dream nanomachines. *Adv. Mater.*, **17**, 3011–3018.

Pantarotto, D., Browne, W.R., and Feringa, B.L. (2008) Autonomous propulsion of carbon nanotubes powered by a multienzyme ensemble. *Chem. Commun.*, 1533–1535.

Pavlick, R.A., Sengupta, S., McFadden, T., Zhang, H., and Sen, A. (2011) A polymerization-powered motor. *Angew. Chem. Int. Ed.*, **50**, 9374–9377.

Paxton, W.F., Kistler, K.C., Olmeda, C.C., Sen, A., St Angelo, S.K., Cao, Y.Y., Mallouk, T.E., Lammert, P.E., and Crespi, V.H. (2004) Catalytic nanomotors: autonomous movement of striped nanorods. *J. Am. Chem. Soc.*, **126**, 13424–13431.

Paxton, W.F., Sen, A., and Mallouk, T.E. (2005) Motility of catalytic nanoparticles through self-generated forces. *Chem. Eur. J.*, **11**, 6462–6470.

Paxton, W.F., Sundararajan, S., Mallouk, T.E., and Sen, A. (2006a) Chemical locomotion. *Angew. Chem. Int. Ed.*, **45**, 5420–5429.

Paxton, W.F., Baker, P.T., Kline, T.R., Wang, Y., Mallouk, T.E., and Sen, A. (2006b) Catalytically induced electrokinetics formotors and micropumps. *J. Am. Chem. Soc.*, **128**, 14881–14888.

Pumera, M. (2010) Electrochemically powered self-propelled electrophoretic nanosubmarines. *Nanoscale*, **2**, 1643–1649.

Rodríguez-Fernández, D. and Liz-Marzán, L.M. (2013) Metallic Janus and patchy particle. *Part. Part. Syst. Charact.*, **30**, 46–60.

Sanchez, S., Solovev, A.A., Mei, Y.F., and Schmidt, O.G. (2010) Dynamics of biocatalytic microengines mediated by variable friction control. *J. Am. Chem. Soc.*, **132**, 13144–13145.

Sanchez, S., Ananth, A., Fomin, V., Viehrig, M., and Schmidt, O.G. (2011a) Superfast motion of catalytic microjet engines at physiological temperature. *J. Am. Chem. Soc.*, **133**, 14860–14863.

Sanchez, S., Solovev, A.A., Harazim, S.M., Deneke, C., Mei, Y.F., and Schmidt, O.G. (2011b) The smallest man-made jet engine. *Chem. Rec.*, **11**, 367–370.

Sanchez, S., Solovev, A.A., Harazim, S.M., and Schmidt, O.G. (2011c) Microbots swimming in the flowing streams of microfluidic channels. *J. Am. Chem. Soc.*, **133**, 701–703.

Scharf, B.E., Fahrner, K.A., Turner, L., and Berg, H.C. (1998) Control of direction of flagellar rotation in bacterial chemotaxis. *Proc. Natl. Acad. Sci. U. S. A.*, **95**, 201–206.

Sen, A., Ibele, M., Hong, Y., and Velegol, D. (2009) Chemo and phototactic nano/microbots. *Faraday Discuss.*, **143**, 15–27.

Sengupta, S., Ibele, M.E., and Sen, A. (2012) Fantastic voyage: designing self-powered nanorobots. *Angew. Chem. Int. Ed Engl.*, **51**, 8434–8445.

Sengupta, S., Dey, K.K., Muddana , H.S., Tabouillot, T., Ibele, M.E., Butler, P.J., Sen, A. (2013) Enzyme molecules as nanomotors. *J. Am. Chem. Soc.*, **135**, 1406–1414.

Sharma, R., Chang, S.T., and Velev, O.D. (2012) Gel-based self-propelling particles get programmed to dance. *Langmuir*, **28**, 10128–10135.

Solovev, A., Mei, Y., Bermdez, E., Huang,G., and Schmidt, O. (2009) Catalytic microtubular jet engines self-propelled by accumulated gas bubbles. *Small*, **5**, 1688–1692.

Solovev, A., Mei, Y., and Schmidt, O.G. (2010) Catalytic microstrider at the air–liquid interface. *Adv. Mater.*, **22**, 4340–4344.

Solovev, A.A., Smith, E.J., Carlos, C., Bufon, B., Sanchez, S., and Schmidt, O.G. (2011) Light-controlled propulsion of catalytic microengines. *Angew. Chem. Int. Ed.*, **50**, 10875–10878.

Solovev, A.A., Wang, X., Gracias, D.H., Harazim, S., Deneke, C., Sanchez, S., and Schmidt, O.G. (2012) Self-propelled nanotools. *ACS Nano*, **6**, 1751–1756.

Solovev, A.A., Sanchez, S., and Schmidt, O.G. (2013) Collective behaviour of self-propelled catalytic micromotors. *Nanoscale*, **5**, 1284–1293.

Sundararajan, S., Sengupta, S., Ibele, M., and Sen, A. (2010) Drop-off of colloidal cargo transported by catalytic Pt–Au nanomotors via photochemical stimuli. *Small*, **6**, 1479–1482.

Toyota, T., Maru, N., Hanczyc, M.M., Ikegami, T., and Sugawara, T. (2009) Self-propelled oil droplets consuming"fuel" surfactant. *J. Am. Chem. Soc.*, **131**, 5012–5013.

Valadares, L.V., Tao, Y., Zacharia, N.S., Kitaev, V., Galembeck, F., Kapral, R., and Ozin, G.A. (2010) Catalytic nanomotors: self-propelled sphere dimers. *Small*, **6**, 565–572.

Vicario, J., Eelkema, R., Browne, W.R., Meetsma, A., La Crois, R.M., and Feringa, B.L. (2005) Catalytic molecular motors: fuelling autonomous movement by a surface bound synthetic manganese catalase. *Chem. Commun.*, 3936–3938.

Walther, A., and Müller, A.H.E. (2008) Janus particles. *Soft Matter*, **4**, 663–668.

Wang, J. (2009) Can man-made nanomachines compete with nature biomotors? *ACS Nano*, **3**, 4–9.

Wang, J., and Gao, W. (2012b) Nano/microscale motors: biomedical opportunities and challenges. *ACS Nano*, **6**, 5745–5751.

Wang, Y., Hernandez, R.M., Bartlett, D.J., Jr., Bingham, J.M., Kline, T.R., Sen, A., and Mallouk, T.E. (2006) Bipolar electrochemical mechanism for the propulsion of catalytic nanomotors in hydrogen peroxide solutions. *Langmuir*, **22**, 10451–10456.

Wang, Y., Fei, S.-T., Byun, Y.-M., Lammert, P.E., Crespi, V.H., Sen, A., and Mallouk, T.E. (2009) Dynamic interactions between fast microscale rotors. *J. Am. Chem. Soc.*, **131**, 9926–9927.

Wheat, P.M., Marine, N.A., Moran, J.L., and Posner, J.D. (2010) Rapid fabrication of bimetallic spherical motors. *Langmuir*, **26**, 13052–13055.

Wilson, D.A., Nolte, R.J.M., and van Hest, J.C.M. (2012) Autonomous movement of platinum-loaded stomatocytes. *Nat. Chem.*, **4**, 268–274.

Wilson, D.A., van Nijs, B., van Blaaderen, A., Nolte, R.J.M., and van Hest, J.C.M. (2013) Fuel concentration dependent movement of supramolecular catalytic nanomotors. *Nanoscale*, **5**, 1315–1318.

Wu, Y., Wu, Z., Lin, X., He, Q., and Li, J. (2012) Autonomous movement of controllable assembled Janus capsule motors. *ACS Nano*, **6**, 10910–10916.

Yao, K., Manjare, M., Barrett, C.A., Yang, B., Salguero, T.T., and Zhao, Z. (2012) Nanostructured scrolls from graphene oxide for microjet engines. *J. Phys. Chem. Lett.*, **3**, 2204–2208.

Zhao, G., and Pumera, M. (2012a) Macroscopic self-propelled objects. *Chem. Asian J.*, **7**, 1994–2002.

Zhao, G., and Pumera, M. (2012b) Liquid–liquid interface motion of capsule motor powered by interlayer marangoni effect. *J. Phys. Chem. B*, **116**, 10960–10963.

Zhao, G., and Pumera, M. (2013) Magnetotactic artifcial self-propelled nanojets. *Langmuir*. doi: 10.1021/la303762a.

Zhao, G., Sanchez, S., Schmidt, O.G., and Pumera, M. (2012) Micromotors with built-in compasses. *Chem. Commun.*, **48**, 10090–10092.

Zhao, G., Ambrosi, A., and Pumera, M. (2013) Self-propelled nanojets via template electrodeposition. *Nanoscale*, **5**, 1319–1324.

Zhao, G.L., Seah, T.H., and Pumera, M. (2011) External-energy-independent polymer capsule motors and their cooperative behaviors. *Chem. Eur. J.*, **17**, 12020–12026.

第 5 章　外场驱动的无需燃料纳米马达

除了研究化学催化自驱动微米马达之外 (见第 4 章)，我们仍需继续探索不消耗燃料且具有生物相容性的微米马达能量转换机制。科学工作者不断努力，试图将外界的磁能、电能和超声能转化为马达的驱动力。由于这种外场驱动的马达有望在例如人体内的靶向药物输送等生物医药领域获得应用，所以最近受到科学界较高的关注。

5.1　磁驱动的纳米马达

磁驱动的微纳米结构在科学、技术和生物医药领域十分受人关注 (Fischer and Ghosh, 2011; Nelson, Kaliakatsos, and Abbott, 2010; Peyer, Zhang, and Nelson, 2013)。受原核和真核微生物运动的启发 (Turner, Ryu, and Berg, 2000; Wiggins and Goldstein, 1998)，近年来，科学工作者们设计了多种人工合成的磁驱动微米马达 (Dreyfus et al., 2005; Fischer and Ghosh, 2011; Gao et al., 2010; Peyer et al., 2013; Tierno et al., 2008a; Zhang et al., 2009b)。磁驱动克服了化学驱动的微纳米马达对燃料的依赖 (在第 4 章中有所提及)，因此，磁驱马达对其所处环境也没有太多特殊要求。

这种无需燃料的纳米马达可以通过外加磁场控制运动方向，且此其他形式的驱动方式更非侵入，在许多生物医药应用领域，特别是在体内环境中有广阔的前景 (Peyer, Zhang, and Nelson, 2013)。通常认为，低强度和低频率的磁场对包括人体在内的生物组织都是无害的。此外，磁场可以不受阻碍地在水中传播，因此可以深入人体内部而不被吸收，从而可以远程控制磁控的微米马达。在生物医药领域磁共振技术 (MRI) 已被广泛采用 (Zhang, Peyer, and Nelson, 2010)，基于此，在生物环境中利用磁场操控微纳米马达也就引起了极大的关注。

“扇贝定理” 对低雷诺数下的运动模式给出了重要的几何约束 (见第 1 章)。例如，在 1.3 节中所提到的，依照该理论，需要利用不可逆运动来克服惯性力的消失，也就是说需要一种机制打破马达运动的对称性。磁驱动微米马达的形状变化也因此需要遵循一种不对称的时间顺序。磁控的马达通过以非往复 (nonreciprocal) 的方式在不可逆的循环中改变自身形状来实现这种不对称的时间顺序。通常使用两种方法来打破扇贝定理的束缚，即旋转一个手性臂或者挥动弹性臂 (Wiggins and Goldstein, 1998)。这些要求让本身就很微小的磁性马达的设计变得越发复杂。

经过多年的努力，科学家们已经提出并验证了一些小尺寸马达的设计方案，以实现其在低雷诺数条件下的磁驱运动。这些设计通常基于自然界微游体的基本运动原理。根据其驱动机制，磁驱动微米马达可以分为三种类别：(1) 螺旋状马达，(2) 表面行走型马达，和 (3) 柔性马达。相关详细介绍可以参见近期综述 (Fischer and Ghosh, 2011; Peyer et al., 2013; Zhang, Peyer, and Nelson, 2010)。这些马达都是采用一种类似于自然界中的活体微生物的方式非往复驱动的，他们的能量则由外部交流磁场提供。梯度磁场和均匀磁场均可以用于推动和控制磁控微纳米马达，也可以将磁场梯度产生的力和均匀磁场中的扭矩相结合。驱动磁性微米马达有两种方法 (Peyer et al., 2013)：通过强的永磁铁或者电磁线圈来产生磁场。

5.1.1 螺旋状磁驱马达

第一种微纳米磁性马达是一种硬质螺旋状马达，其设计灵感来自于一种螺旋状细菌鞭毛。这种微米或纳米马达通过外加磁场产生自旋从而运动。许多研究表明，即使是在微观尺度，外加磁场也会产生扭矩，这是一种成功驱动螺旋运动的方法。因此，强力的永磁铁或电磁线圈可用于驱动螺旋状微米马达 (Peyer et al., 2013)。在 1996 年科学家就已经制备了一种较大尺寸 (毫米级) 的螺旋状马达，这种马达包括一个小的永磁的钐钴磁铁，还有一个铜制螺旋状尾巴 (Honda, Arai, and Ishiyama, 1996)。随后，Ishiyama、Sendoh 和 Arai 在 2002 年制备了一种大尺寸的螺旋式磁微米马达。这种马达拥有加热功能，因而可以在体内进行热治疗。受单鞭毛螺旋状细菌 (Berg and Anderson, 1973) 的启发，苏黎世联邦理工学院 (Eidgenössische Technische Hochschule Zürich，简称 ETH) 的 Nelson 课题组在 2009 年制造了一种具有螺旋状几何外形并且可以通过均匀旋转磁场进行驱动的人造细菌鞭毛 (Peyer et al., 2013; Zhang et al., 2009a, 2009b, Zhang, Peyer, and Nelson, 2010)(人造细菌鞭毛，英文为 artificial bacterial flagella, 简称 ABF)。螺旋状结构的马达会将自旋运动转化为平移运动，这是低雷诺数条件下一种普遍的运动机制。

上面提到的 Nelson 课题组报道的人造细菌鞭毛马达 (又称为 ABF 马达) 是第

一例使用螺旋驱动的人工微型马达。这种马达由两部分组成：一部分是螺旋的纳米带状的“尾”，在尺寸和形状方面都类似天然鞭毛；另一部分是薄而软的方形镍磁性“头”(图 5.1a)。ABF 马达的尾部是一种基于砷化铟镓/砷化镓的半导体双层结构，而其头部由一个沿其对角线磁化的软而薄的镍板构成。需要注意的是，“头”和“尾”这种界定在这里并不严格，因为这种 ABF 马达并没有特定的取向。ABF 马达通过“自卷曲”生长技术制备，这种方法将“自上而下”的光刻技术和“自组装”技术生长结合起来，由平面薄膜卷起得 3D 结构，能够制备更大或更小的 3D 结构。

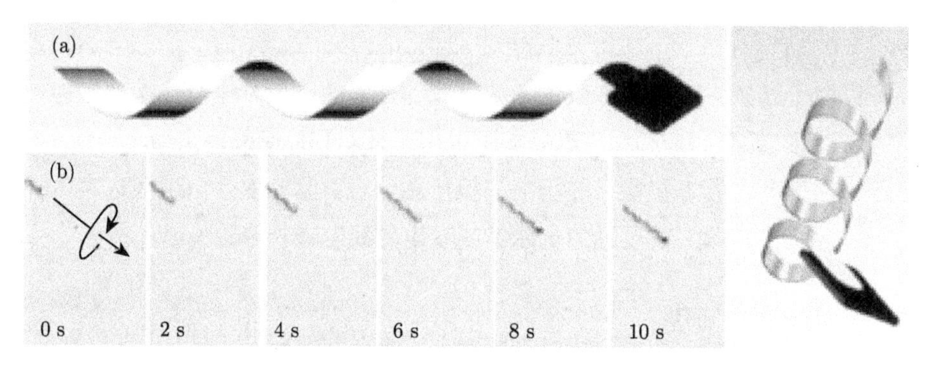

图 5.1 (a) 直径为 2.8 μm 的人造细菌鞭毛示意图；(b) 不同时间拍摄的螺旋运动照片 (经许可转载自 Zhang et al., 2009a.)

ABF 马达沿其螺旋轴旋转来实现自驱动，其方式类似于瓶塞钻 (corkscrew)，通过扭矩 (τ) 螺旋前进 (Zhang, Peyer, and Nelson, 2010)。通过由三个正交的电磁线圈产生的低强度旋转磁场，可以在三维实现这种螺旋状微米马达微米级的定位。而通过简单地变换磁场旋转方向就可以实现 ABF 马达向前或向后的运动，这一点与瓶塞钻十分相像。对马达精确的运动控制在许多生物医药应用中具有极大的潜力。例如，螺钉形的微米马达能够穿透软组织 (Nelson, Kaliakatsos, and Abbott, 2010; Peyer, 2013)。

下面简单介绍磁场驱动螺旋状马达运动的机制。旋转的磁场对马达软磁性的金属头部施加扭矩，从而驱动马达。磁场中马达磁化后的身体所受扭矩如下：

$$\boldsymbol{\tau}_{\mathrm{m}} = \mu_0 V \boldsymbol{M} \times \boldsymbol{H} \tag{5.1}$$

式中 V 和 $\boldsymbol{M}$ 分别是马达主体的体积和磁化强度；$\boldsymbol{H}$ 是外加磁场；μ_0 是真空磁导率 (Jiles, 1991)。磁场在垂直于螺旋轴的平面内旋转并驱动 ABF 马达。ETH 课

题组使用的最大的磁场强度 ($|\boldsymbol{B}| = \mu_0|\boldsymbol{H}|$) 小于 2 mT，比大多数临床磁共振成像 (MRI) 系统低大概三个数量级。在永磁体中磁矩 $\boldsymbol{m}$ 是永久的，而在顺磁体中 $\boldsymbol{m}$ 是诱导产生的，在磁通密度 $\boldsymbol{B}$ 下，ABF 会受到一个平移的力 $\boldsymbol{F} = \nabla(\boldsymbol{m} \cdot \boldsymbol{B})$。

在低雷诺数的条件下，这种螺旋形微米马达所受的非流体扭矩 (τ) 和外加非流体力 (F) 与其线性速度 (U) 和 (旋转) 角速度 (ω) 呈线性关系 (Zhang et al., 2009b)。

$$F = aU + b\omega \tag{5.2}$$

$$\tau = bU + c\omega \tag{5.3}$$

以上公式及四个主要物理量可以用对称驱动 (阻力) 矩阵来表示，该矩阵将颗粒的速度和转速与外力和扭矩关联起来 (Peyer et al., 2013; Zhang et al., 2009b)。

$$\begin{bmatrix} F \\ \tau \end{bmatrix} = \begin{bmatrix} a & b \\ b & c \end{bmatrix} \begin{bmatrix} U \\ \omega \end{bmatrix} \tag{5.4}$$

参数 a、b 和 c 是几何参数和流体黏度的函数 (Peyer et al., 2013)。通过实验方法确立矩阵后，就可以通过调节输入场的大小在一个较宽的范围内调整力和扭矩。计算表明角速度为 31.4 rad/s 的 ABF 马达其推进力为 0.17 pN(Zhang et al., 2009b)。由于固体边界使流体的表观黏度增加，导致螺旋上所受阻力不平衡，因此产生了横向力和垂直于螺旋轴线的漂移运动 (Peyer et al., 2013)。

Ghosh 和 Fischer 于 2009 年制备了一种磁驱动的螺旋微米马达，该马达是一个微小的螺旋状二氧化硅 (SiO_2) 纳米结构 (1~2 μm 长，200~300 nm 宽)。如图 5.2 所示，一个螺旋形微米马达有一个微球作为头部，其身体由螺旋形氧化物层组成。由于其结构所固有的手性，这些纳米马达能将自身的旋转和平移运动耦合起来，利用流体力学效应 (如剪切力和涡度) 来实现颗粒的手性分离。这种纳米螺旋马达是由掠射角沉积法 (glancing angle deposition，简称 GLAD) 生长制备的，该方法适用于多种不同材料，并可用于大规模生产。该方法是一种物理气相沉积技术，实验时，将密堆积的微球作为样品倾斜地放置在基底上，而靶材气体以极大的掠射角沉积在基板上。通过在掠射角沉积时不断旋转基底台，就可以在微球上生长螺旋形结构。基于玻璃纳米马达的材质，可以在 SiO_2 上使用标准硅烷偶联反应进行简单的化学修饰。而通过在螺旋的一侧热蒸镀一层薄的钴层，并施加强磁场，可使其沿垂直于螺旋轴方向永久磁化，从而对其进行磁控和磁驱动。

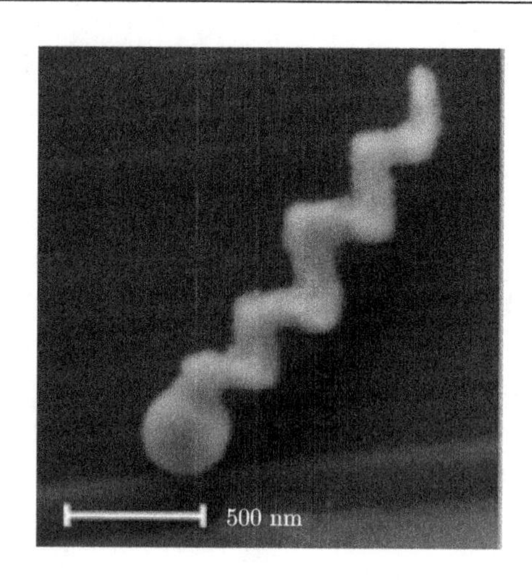

图 5.2　纳米磁性马达。具有纳米级螺旋度的单个玻璃螺旋马达的 SEM 图像 (经许可转载自 Ghosh and Fischer, 2009)

Zhang 和 Nelson(Tottori et al., 2012) 最近介绍了一种使用激光直写技术 (direct laser writing) 和电子束蒸镀法制备磁性螺旋马达的简单且通用的方法 (图 5.3)。激光直写技术可以较为容易地制备几乎任意的三维结构。所制备的螺旋微米马达可以在去离子水和血清中高速螺旋旋转运动，也能够在三维空间中运输货物。这种螺旋结构的材料对小鼠成肌细胞没有细胞毒性，细胞因此能够在马达上黏附、迁移或增殖。在马达的螺旋形身体上安装一个微米支架后，就能有效地捕获和运输球形货物 (参见章节 6.1.1)。最近的一些综述文章也介绍了磁驱动的螺旋微米马达在体外细胞表征和体内诊疗等多个生物医学领域的应用潜力 (Nelson, Kaliakatsos, and Abbott, 2010; Peyer, 2013a; Peyer et al., 2013b; Peyer, Zhang, and Nelson, 2013b)。

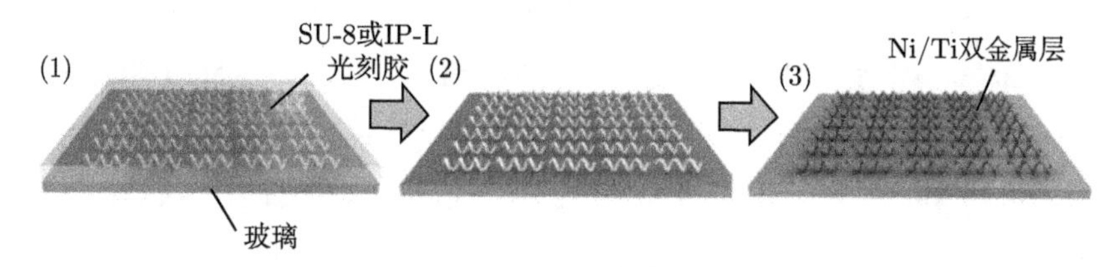

图 5.3　螺旋微米马达的制备流程。第 1 步：将螺旋微米马达通过激光直写写入负光刻胶 (SU-8 或 IP-L)。第 2 步：用显影剂去除未聚合的光刻胶。第 3 步：显影和干燥后，使用电子束蒸镀在聚合物螺旋马达表面沉积一层 Ti 和一层 Ni，用于磁驱动及改善马达表面的生物相容性 (经许可转载自 Tottori et al., 2012)

5.1.2 柔性磁驱马达

第二种磁驱马达是一种柔性马达，由柔性细丝的非往复式 (nonreciprocal) 变形来驱动。这种柔性磁驱动马达将往复式的致动与材料弹性相结合，实现了非往复式的形状变化，并因此产生驱动。这个想法最初由 Dreyfus 等人在 2005 年实现 (Dreyfus et al., 2005)，他们将顺磁微球通过核酸彼此连接为链，并将链固定在红细胞上，制备了 24 μm 长的柔性细丝马达。将两端由生物素修饰的 DNA 链与链霉亲和素修饰后的磁珠相连可得到磁珠链结构。磁驱动力由磁珠传导至整个链，而链端附着的红细胞则会打破行波沿珠链的运动对称性，这使得行波沿细丝传播，并产生了类似精子式的运动。

近期研究表明，柔性磁驱马达已成为“瓶塞钻”形磁性马达之外另一个研究热点 (Gao et al., 2010; Pak et al., 2011)。这种两段或三段结构的纳米线马达可以在磁场驱动下高效运动。旋转致动和纳米线的柔性相结合对于该螺旋驱动模式十分关键。与通过“自上而下”的自卷曲方法或 GLAD 方法制备的“瓶塞钻”形马达相比，柔性纳米线磁性马达可以通过简单的模板辅助电沉积方法大规模制备。在这种方法中，将相应的 (金、银和镍) 金属段顺序沉积到氧化铝模板的微孔中，并通过在过氧化氢中部分溶解银来制备对磁性驱动来说必需的柔性细丝。

在初期工作中，人们制备了三段式的镍–银–金纳米线马达 (长度 6 μm，直径 200 nm)，其连接部位为柔性的银段 (图 5.4)。通过施加旋转磁场，作用于磁性镍段，可实现马达的驱动。通过调整镍和金段的长度获得向前 (“推”) 或向后 (“拉”) 的磁驱动运动。而通过调制磁场可以实现对柔性纳米线马达精确的“开/关”运动

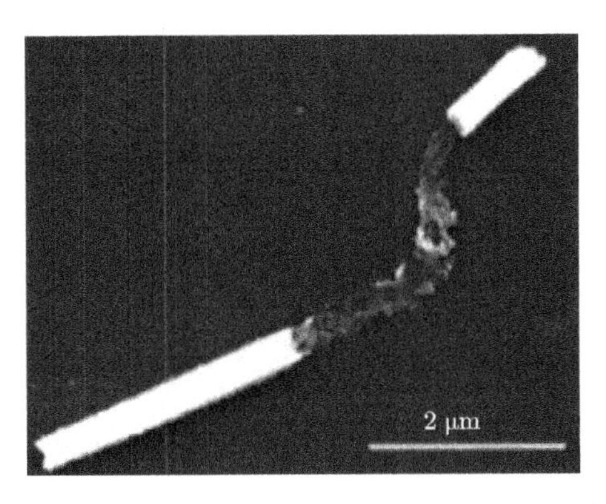

图 5.4 带有金“头端”和镍“尾端”及柔性银连接点的三段柔性纳米线磁性马达 (经许可转载自 Gao et al., 2010)

控制。此外，还实现了该马达在尿液和高盐环境中的有效驱动。

在随后的工作中，人们成功制备了一种可以有效磁驱的两段镍–银纳米线马达，其具有 1.5 μm 长的镍“头端”和 4 μm 长的柔性银“尾端”(无金段)(Pak et al., 2011)。这种柔性的镍–银纳米线马达在很低的磁场频率 (35 和 100 Hz) 下就可以高速运动，速度可达 21 μm/s，接近自然界中微生物如大肠杆菌的运动速度 (30 μm/s)。该马达还可以在未处理的人血清中快速 (15 μm/s) 运动 (图 5.5)。该柔性两段纳米线马达的基本运动可由一个简单的弹性流体动力学模型来解释。

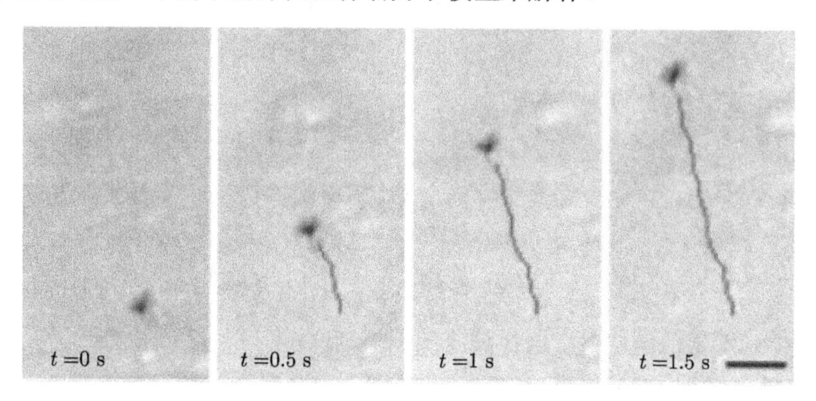

图 5.5　在生物媒介中运动的磁驱柔性镍–银纳米线马达：纳米马达在未稀释的人体血清中运动 (速度为 15 μm/s) 的照片。磁场频率：15 Hz。标尺：5 μm(经许可转载自 Pak et al., 2011)

5.1.3　表面行走型磁驱马达

第三种磁驱动的微米马达是沿表面运动的表面行走型马达，这种马达由于表面的存在而打破空间对称性，从而获得了一个额外的自由度，并挣脱了“扇贝定理”的束缚 (Sing et al., 2010; Tierno et al., 2008a; Zhang et al., 2010)。这种微米马达在旋转磁场下，由于流体阻力不平衡而在表面翻滚前进，因此被称为表面行走型马达。

Tierno 等人 (Tierno et al., 2008a, 2008b, 2010) 研究了在外加旋进 (precessing) 磁场下水中微米尺寸顺磁二聚体小球在表面附近的驱动，其运动让人联想到独轮车 (图 5.6)。施加的外磁场迫使马达沿平行于运动平面的轴线旋进，并且由于马达靠近边界板，导致耗散的周期性不对称，从而将哑铃型胶体马达的旋转转化为了平移运动。这种不对称的微球二聚体是由两条生物素封端的 25 个碱基对的 cDNA 链 (8 nm 长) 将不同直径的链霉亲和素包覆的聚苯乙烯顺磁性微粒连接起来而制得的。其中，聚苯乙烯掺杂了氧化铁粉末，使马达带有顺磁性。如图 5.6 所示，DNA 连接的不对称二聚微球悬浮于平板上方，在沿平行于该平板轴的旋进磁场作用下在固体基底附近滚动前进，可以将这一体系类比于独轮车。外加的旋转磁场引起二聚体围绕 y 轴做类似陀螺仪的旋进，二聚体中的小颗粒在 (x,z) 平面上绕二聚体质心旋转，而较大的一个颗粒基本静止不动。在滚动时，边界处的黏滞摩擦力比体相中的流体阻力大，因而导致耗散的不对称性，从而将旋转运动转化为颗粒的净平移运动。与其他磁性马达不同，这种马达的驱动不需要改变其形状，而且也没有热涨落，实验结果也与数值模拟吻合较好 (Tierno et al., 2010)。

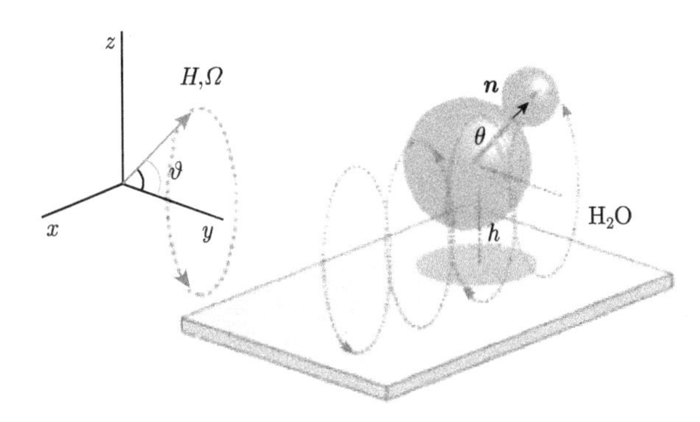

图 5.6 DNA 连接的两种不同直径的顺磁颗粒组成的磁性表面行走型马达。二聚体受围绕 y 轴旋进的外场 H 作用。Ω 和 ϑ 分别代表磁场频率和磁场旋进角度，而 θ 是指向矢 $\boldsymbol{n}$(director) 的旋进角度 (经许可转载自 Tierno et al., 2008b)

Sing 等人 (2010) 介绍了一种在旋转磁场下自组装胶体马达的运动。这些表面行走组装体马达的运动方向、速度和流体流动特性均可通过调节磁场来控制。这种马达的一个优势在于自组装不需要先进的制备技术。

Zhang 和 Nelson 研究了旋转镍纳米线的翻滚式运动 (Zhang et al., 2010)，其在固体图案表面附近的翻滚耦合了旋转和平移运动 (图 5.7)。使用均匀的旋转磁场可实现精确的运动控制。在低于 50 Hz 的旋转频率下，4~12 μm 长的马达可以以每秒 3~4 个身长的速度高速运动。这种旋转的磁性纳米线可以在低雷诺数的水溶液中操控细胞和亚细胞结构，因而在单细胞分析领域大有可为 (Zhang et al., 2012)。运载货物时，纳米线马达的滚动运动速度并无显著降低，这表明货物其实有利于马达在表面附近的驱动。

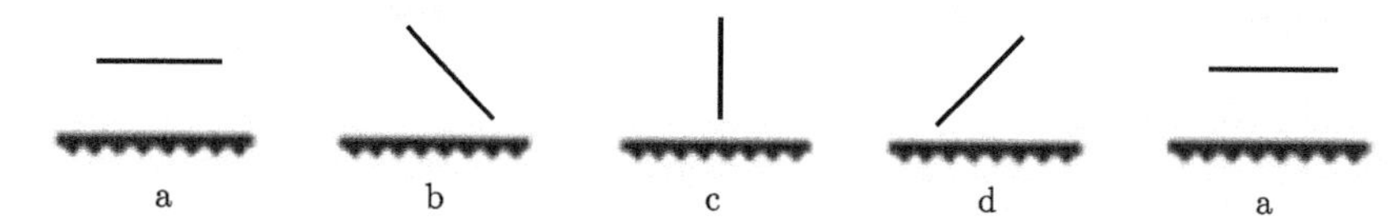

图 5.7　旋转镍纳米线在固体表面附近的翻滚运动。图中所示为翻转过程中纳米线的取向 (经许可转载自 Zhang et al., 2010)

5.1.4　磁致动的人造纤毛阵列

最近，磁驱动已经在人造纤毛上取得了应用。这种人造纤毛的运作需要同时驱动每个单独的纤毛来击打。如图 5.8 所示，目前有两种方法用于制备人造纤毛，包括自组装磁珠和使用微纳加工方法蚀刻细长的梁或棒 (Vilfan et al., 2010; Khaderi et al., 2011; Peyer, Zhang, and Nelson, 2013)。Vilfan 等人在 2010 年报道了人造纤毛的自组装及不对称击打的突破性工作，该运动类似于生物纤毛的拍动，由此产生了定向的流体流动。

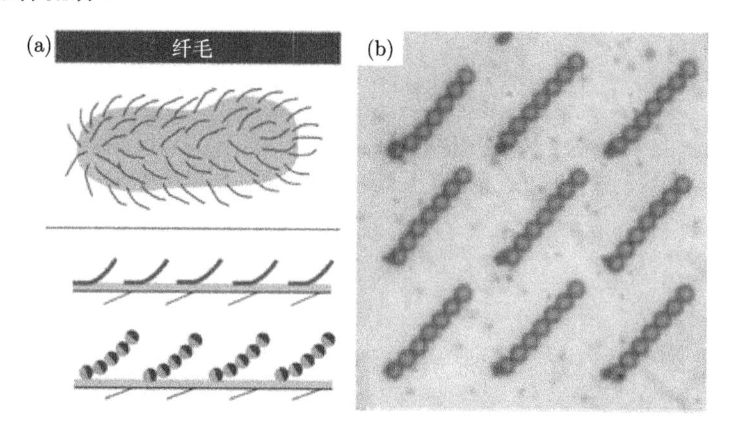

图 5.8　(a) 人造柔性微米棒纤毛阵列；(b) 人造自组装磁性微珠纤毛阵列 (经许可转载自 Peyer, Zhang, and Nelson, 2013 和 Khaderi et al., 2011)

5.2　电驱动的纳米马达

电场引发的化学运动是一种全新的驱动方式。这种无需燃料并由电场引发的二极管纳米马达为多种技术应用提供了广阔的前景。

5.2.1　微型二极管马达

美国北卡罗来纳州州立大学的 Velev 课题组 (Chang et al., 2007) 研究结果表明，在外加交流电场时，微型半导体二极管可以作为自驱动颗粒在水中运动。这种毫米大小的半导体微米颗粒可以从外部交流电场中获取电能，并将其转化为机械能而运动。外部电场使颗粒表面产生局部电渗流，从而驱动二极管马达的运动。具体来说，由于二极管对交流电场的整流作用，在每个二极管的两极之间可形成直流电压。电极之间的该恒定电场使二极管周围产生局部电渗流 (EOF)，由此可以驱动二极管马达 (或者可以说是泵动了周围的液体流动)。电渗流可以驱动微型二极管向阴极或阳极方向运动，而具体方向取决于颗粒的表面电荷属性。

Wang 课题组应用类似概念制备了二极管纳米线马达 (Calvo-Marzal et al., 2009)。利用模板辅助电沉积技术可以有效制备不同成分的多段半导体纳米线 (PPy-Cd 和 CdSe-Au-CdSe)，因此可以大幅缩小前文中提到的毫米尺度的电驱动马达尺寸。以单组分和双组分纳米线马达作为对照实验组，纳米线二极管的定向驱动受空间均匀的交流电场的影响，这说明马达的运动是由外部电场所引发的局部电渗流导致的。

5.2.2 双极电化学驱动的微米马达

法国波尔多大学的 Kuhn 课题组 (Loget and Kuhn, 2010, 2011a, 2011b) 基于双极电化学概念开发了另一种运动可控的金属微颗粒 (如图 5.9)。双极电化学 (Bipolar Electrochemistry) 反应源于外部电场中导电颗粒的极化：当导电颗粒暴露在两电极间强电场中时，外电场引起颗粒的高度极化，从而在颗粒的两端形成阳极和阴极区域，并分别引发氧化和还原反应。这一现象即为双电极电化学过程。导体两端的电位差与外部电场符合：$\Delta V = Ed$，其中 E 是总的外加电场，d 是颗粒的直径。该极化因此正比于电场强度和物体的特征尺寸。

在两个电极之间产生的强电场中放置导体，使导体两端发生不同的氧化还原反应，在阴极端发生还原反应，在阳极端发生氧化反应，从而不对称的产生了气泡。例如质子或水在阴极的还原，导致氢气气泡在此处不对称产生和释放，从而产生局部流体作用力并驱动马达 (Bouffier and Kuhn, 2013; Sentic et al., 2012)。此外，通过加入 “牺牲” 化合物 (如对苯二酚)，可以增强驱动力，因为这种化合物在阳极比水更易氧化而形成氧气 (Bouffier and Kuhn, 2013)。由于是在导体的特定位置因电化学作用产生气泡而引发运动，双极电化学驱动法可以看作是一种将物理和化学驱动相结合的方法 (Bouffier and Kuhn, 2013)。

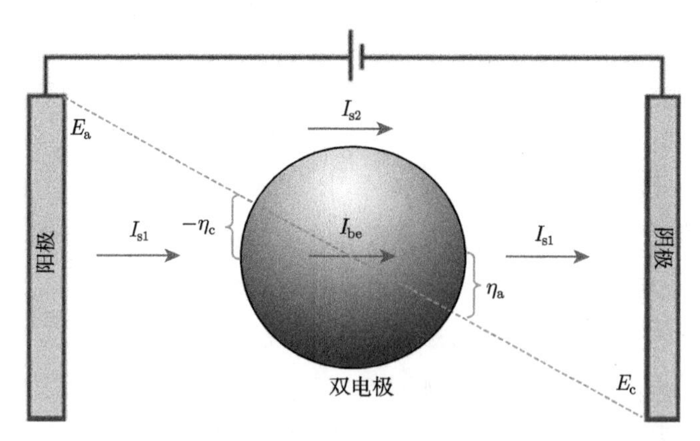

图 5.9　双极电化学反应。溶液中球形颗粒在电场下双极电化学反应示意图。E_a 是阳极电势，E_c 是阴极电势，η_c 是阴极的极化强度，η_a 是阳极的极化强度，I_{s1} 是溶液中导电颗粒两侧的电流，I_{s2} 是溶液中导电颗粒周围的电流，而 I_{be} 是穿过导电颗粒的电流 (经许可转载自 Loget and Kuhn, 2011a)

这种氧化还原反应和气泡产生的过程可以引起水平运动、垂直运动或旋转。例如，有报道称，在充满硫酸锌溶液的毛细管中，可以观察到锌枝晶的快速定向运动 (80 μm/s)，这一现象源于其动态双极自再生过程 (dynamic bipolar self-regeneration process)(Loget and Kuhn, 2010)。通过设计氧化还原反应和装置，可以控制马达的速度，并将其从线性运动转变为旋转运动 (Loget and Kuhn, 2011b)。此外，Kuhn、Sojic 及其同事还通过电致发光效应将发光与气泡的生成耦合起来，制备了发光的双极电化学马达 (Sentic et al., 2012)。这种独特的耦合方式首次将马达与化学光源相结合，因而提供了一种直接观测物体运动的新方法。双极电化学驱动的一个吸引人之处在于，它不要求马达本身具备非对称性或双金属结构，而只需要其导电。

这种使用双极电化学在微尺寸物体两侧引发不同反应的方法，同样可以用于不对称改性或制备新型自驱动催化马达。例如，Kuhn 课题组 (Fattah et al., 2011) 介绍了一种基于双极电化学方法制备 Janus 碳微米管马达的简单方法。在该方法中，沿管轴方向在其一端对称或不对称地沉积了铂金属。在碳微米管的一端，铂簇催化过氧化氢的分解，产生的氧气气泡驱动了微管的运动。

(译注：还有两种重要的电场驱动的微纳米马达值得介绍。一种是通过交流电场对一个 Janus 微球的极化，产生微球表面不对称的电渗流，从而驱动颗粒向远离金属镀层方向的运动。这种驱动机理称为诱导电荷电泳，或者 induced charge electrophoresis，简称 ICEP。相关文献可以查阅：

1. Gangwal, S.; Cayre, O. J.; Bazant, M. Z.; Velev, O. D. Induced-Charge Electrophoresis of Metallodielectric Particles. Phys. Rev. Lett. 2008, 100(5), 058302-058304.

2. Yan, J.; Han, M.; Zhang, J.; Xu, C.; Luijten, E.; Granick, S. Reconfiguring Active Particles by Electrostatic Imbalance. Nat. Mater. 2016, 15, 1095-1099.

另一种是在直流电场下不导电的微球通过一种 Quincke rotation 的效应滚动。如同 ICEP 微纳米马达，这种体系也会在颗粒众多的时候出现有趣的群体行为，例如: Bricard, A.; Caussin, J.-B.; Desreumaux, N.; Dauchot, O.; Bartolo, D. Emergence of Macroscopic Directed Motion in Populations of Motile Colloids. Nature 2014, 503(7474), 95-98.)

5.3 超声驱动微米马达

虽然磁驱和电驱动的微米马达已有大量研究进展，我们仍需要探索一种具有生物相容性的能量转换机制来驱动马达。近期的验证性研究表明，利用超声驱动和控制微米马达具有较大的可能性。超声是一种以波的形式存在的声能，其频率在人耳的听觉范围 (20 kHz) 之上。这种高频声波对生物体损伤很小，因此在医药领域有较广泛的应用，如已被广泛使用的人体器官临床横断面成像技术，并在治疗方面起着越来越重要的作用。

超声也是一种在生物环境中驱动微米马达运动的良好供能方式。Hoyos 和 Mallouk 团队在实验中展示了令人兴奋的结果：超声波可驱动模板辅助生长的纳米线做快速 ($\sim$200 μm/s) 轴向运动和面内旋转运动 (Wang, Hoyos, and Mallouk, 2012)。他们的实验表明兆赫兹频率的超声可以在水中驱动马达，并使金属纳米线马达进行有序排列、旋转和自组装。这种驱动主要是由局部压力梯度导致，与纳米线一端的凹陷有关，其机理被认为是自声泳 (译注：近年来研究表面，自声泳机理或许并不正确，而基于表面不对称性的局部声流效应可能才是正确的机理)。特别需要指出，在他们的工作中，超声驱动的金属纳米线的运动与溶液中的离子强度无关 (译注：因此有望应用于生物环境和其他复杂环境中)。

Wang、Esener 及其合作者几乎同时开发了另一种强力的超声驱动马达。在他们的工作中，微管马达内部装有生物相容性的氟碳乳液燃料，在超声波作用下燃料汽化，从而驱动马达进行高速的“子弹式”运动 (图 5.10)(Kagan et al., 2012)。氟碳乳液已经被广泛应用于生物医药领域，但在此工作之前并没有被当作一种能够独立于外界环境释放大量能量、从而在微米尺度运动的机载燃料被使用过。这种生物相容性燃料通过超声液滴汽化，使锥型微管像子弹一样加速，并使其获得超过 6 m/s 的高速，这比之前微米马达的速度快 1000 倍。其超快的速度体现了强大的驱动力，因而可以用于穿透组织和克服细胞壁垒。此外，通过在管内嵌入磁层，可以施加磁场对其进行精确的方向控制。

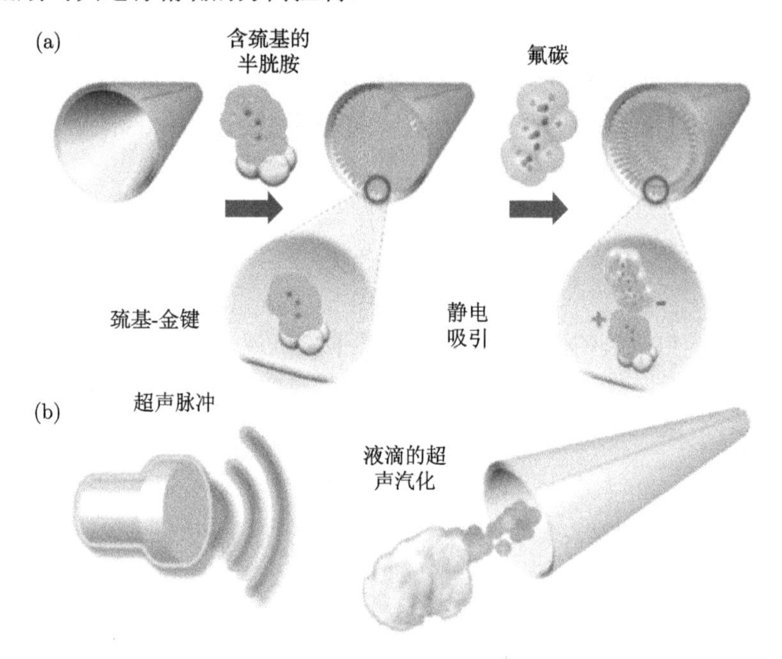

图 5.10　超声驱动负载氟碳的微米子弹马达的制备 (a) 和/发射 (b) 过程：(a) (左) 纳米管，(中) 微管内部金层上结合了半胱胺，(右) 阴离子型 PFC 乳液静电吸附于半胱胺功能化后的表面；(b) 该微米马达通过超声脉冲汽化 PFC 液滴而获得驱动力 (经许可转载自 Kagan et al., 2012)

5.4　光驱动微米马达

近期研究表明，光是一种前景很被看好的微米马达驱动能源 (Hong et al., 2010; Solovev et al., 2011)。光能具有化学或电化学能所没有的独特优势，其中包括激发光的波长和强度都精确可调。这种供能方式不需要将马达与光源物理连接，而只需要一种在激发波长下透明的介质。

Sen 及其合作者发现，可以利用 TiO_2 颗粒的光催化特性将光能转化为机械能 (Hong et al., 2010)。TiO_2 具有很强的光催化活性，可用于微尺度物体的自主驱动。此法成本低、清洁且简单，只需要较少的燃料 (如乙醇)。整个系统仅含有二氧化钛、水和光，有时需要有机物。紫外光下光化学反应所产生的阴阳离子的扩散速率不同，从而引发颗粒驱动。该研究表明，TiO_2 很有希望成为下一代自驱动微纳米马达和微泵系统。Sen 课题组还介绍了氯化银在紫外光下的运动和团聚行为 (Ibele, Mallouk, and Sen, 2009)，该工作在 4.6.1 节中已讨论。

Jiang、Yoshinaga 和 Sano(2010) 将二氧化硅微球一半蒸镀金制备了 Janus 颗粒，并使其在激光照射下自驱动。这种 Janus 颗粒的激光驱动是源于光热效应导致的自热泳。简单来说，颗粒镀了金属的一侧吸收激光，产生两侧温度梯度，从而驱动马达颗粒。

Volpe 等人 (2011) 制备了另一种金–二氧化硅的 Janus 微米球马达。在光照下颗粒附近的临界二元液体混合物相分离，从而驱动马达。马达的运动与入射光强度有很大关系。实验中还研究了马达在具有简单拓扑结构的环境中运动的情况，例如在直墙壁、孔和周期排列的障碍物环境中的运动。

5.5 混合动力纳米马达

由多种能量同时驱动的混合动力纳米马达，促进了人造马达的多样化，增强了对外界环境变化的适应性。Gao 等人 (2011) 基于模板辅助电化学沉积法首次制备了化学–磁混合驱动的纳米马达。为了将不同运动模式集成在一个器件上，其团队采用了各段分别具有催化和磁驱动功能的多段纳米线。这种催化–磁性混合纳米马达由柔性的铂–金–银 $_{柔性}$-镍纳米线构成，其中铂–金段负责催化，而金–银 $_{柔性}$-镍段则负责磁驱动。研究人员还提出了理论来解释这种双模式控制的受力情况。纳米线的这种混合设计对其中任一种驱动模式都影响较小。实验还展示了催化与磁驱动模式之间快速简单的切换过程。通过从化学驱动切换到磁驱动，这种催化–磁性双驱动的纳米马达可以解决燃料消耗和盐对马达速度的限制。此外，也可以通过磁场来实现运动方向的反转。这种使用两种能量驱动混合马达的方法，大大扩展了其适用范围，有望发展为可以自适应并针对周围的环境调整自身反应的智能纳米马达。

受水母运动的启发，Parker 及其同事合成了一种仿水母结构马达，该马达由硅

聚合物 (聚二甲基硅氧烷，PDMS) 组成，外包覆一层图案化的新生大鼠的肌细胞单层膜 (Nawroth et al., 2012)。研究表明，这种人造水母能够以类似于海洋生物的周期划臂方式在水中运动。对水母驱动中关键因素的计算机模拟结果与实验结果相符。

参考文献

Berg, H.C., and Anderson, R.A. (1973) Bacteria swim by rotating their flagellar filaments. *Nature*, **245**, 380–382.

Bouffier, L., and Kuhn, A. (2013) Design of a wireless electrochemical valve. *Nanoscale*, **5**, 1305–1309.

Calvo-Marzal, P., Manesh, K.M., Kagan, D., Balasubramanian, S., Cardona, M., Flechsig, G.U., Posner, J., and Wang, J. (2009) Electrochemically-triggered motion of catalytic nanomotors. *Chem. Commun.*, 4509–4511.

Chang, S.K., Paunov, V.N., Petsev, D.N., and Velev, O.D. (2007) Remotely powered self-propelling particles and micropumps based on miniature diodes. *Nat. Mater.*, **6**, 235–240.

Dreyfus, R., Baudry, J., Roper, M.L., Fermigier, M., Stone, H.A., and Bibette, J. (2005) Microscopic artificial swimmers. *Nature*, **437**, 862–865.

Fattah, Z., Loget, G., Lapeyre, V., Garrigue, P., Warakulwit, C., Limtrakul, J., Bouffier, L., and Kuhn, A. (2011) Straightforward single-step generation of microswimmers by bipolar electrochemistry. *Electrochim. Acta*, **56**, 10562–10566.

Fischer, P., and Ghosh, A. (2011) Magnetically actuated propulsion at low Reynolds numbers: towards nanoscale control. *Nanoscale*, **3**, 557–563.

Gao, W., Sattayasamitsathit, S., Manesh, K.M., Weihs, D., and Wang, J. (2010) Magnetically-powered flexible metal nanowire motors. *J. Am. Chem. Soc.*, **132**, 14403–14405.

Gao, W., Sattayasamitsathit, S., Manesh, K., and Wang, J. (2011) Hybrid nanomotor: catalytically/magnetically powered adaptive nanowire swimmer. *Small*, **7**, 2047–2051.

Ghosh, A., and Fischer, P. (2009) Controlled propulsion of artificial magnetic nanostructured propellers. *Nano Lett.*, **9**, 2243–2245.

Honda, T., Arai, K.I., and Ishiyama, K. (1996) Micro swimming mechanisms propelled by external magnetic fields. *IEEE Trans. Magn.*, **32**, 5085–5087.

Hong, Y., Diaz, M., Cordova-Figueroa, U.M., and Sen, A. (2010) Light-driven titanium-dioxide-based reversible microfireworks and micromotor/micropump systems. *Adv. Funct. Mater.*, **20**, 1568–1576.

Ibele, M., Mallouk, T., and Sen, A. (2009) Schooling behavior of light-powered autonomous micromotors in water. *Angew. Chem. Int. Ed.*, **48**, 3308–3312.

Ishiyama, K., Sendoh, M., and Arai, K.I. (2002) Magnetic micromachines for medical applications. *J. Magn. Magn. Mater.*, **242–245**, 41–46.

Jiang, H.R., Yoshinaga, N., and Sano, M. (2010) Active motion of a Janus particle by self-thermophoresis in a defocused laser beam. *Phys. Rev. Lett.*, **105**, 268302–268305.

Jiles, D. (1991) *Introduction to Magnetism and Magnetic Materials*, Chapman and Hall, London.

Kagan, D., Benchimol, M.J., Claussen, J.C., Chuluun-Erdene, E., Esener, E.S., and Wang, J. (2012) Acoustic droplet vaporization and propulsion of perfluorocarbon-loaded microbullets for targeted tissue penetration and deformation. *Angew. Chem. Int. Ed.*, **124**, 7637–7640.

Khaderi, S.N., Craus, C.B., Hussong, J., Schorr, N., Belardi, J., Westerweel, J., Prucker, O., Rühe, J., den Toonder, J.M.J., and Onck, P.R. (2011) Magnetically-actuated artificial cilia for microfluidic propulsion. *Lab Chip*, **11**, 2002–2010.

Loget, G., and Kuhn, A. (2010) Propulsion of microobjects by dynamic bipolar self-regeneration. *J. Am. Chem. Soc.*, **132**, 15918–15919.

Loget, G., and Kuhn, A. (2011a) Shaping and exploring the micro-and nanoworld using bipolar electrochemistry. *Anal. Bioanal. Chem.*, **400**, 1691–1704.

Loget, G., and Kuhn, A. (2011b) Electric field-induced chemical locomotion of conducting objects. *Nat. Commun.*, **2**. doi: 10.1038/ncomms1550.

Nawroth, J.C., Lee, H., Feinberg, A.W., Ripplinger, C.M., McCain, M.L., Grossberg, A., Dabiri, J.O., and Parker, K.K. (2012) A tissue-engineered jellyfish with biomimetic propulsion. *Nat. Biotechnol.*, **30**, 792–797.

Nelson, B.J., Kaliakatsos, I.K., and Abbott, J.J. (2010) Microrobots for minimally invasive medicine. *Annu. Rev. Biomed. Eng.*, **12**, 55–85.

Pak, O.S., Gao, W., Wang, J., and Lauga, E. (2011) High-speed propulsion of flexible nanowire motors: theory and experiments. *Soft Matter*, **7**, 8169–8181.

Peyer, K.E., Tottori, S., Qiu, F., Zhang, L., and Nelson, B.J. (2013) Magnetic helical micromachines. *Chem. Eur. J.*, **19**, 28–38.

Peyer, K.E., Zhang, L., and Nelson, B.J. (2013) Bio-inspired magnetic swimming microrobots for biomedical applications. *Nanoscale.*, **5**, 1259–1272.

Sentic, M., Loget, G., Manojlovic, D., Kuhn, A., and Sojic, N. (2012) Light-emitting electrochemical "swimmers". *Angew. Chem. Int. Ed.*, **51**, 11284–11288.

Sing, C.E., Schmid, L., Schneider, M.F., Franke, T., and Alexander-Katz, A. (2010) Controlled surface-induced flows from the motion of self-assembled colloidal walkers. *Proc. Natl Acad. Sci. U. S. A.*, **107**, 535–540.

Solovev, A.A., Smith, E.J., Carlos, C., Bufon, B., Sanchez, S., and Schmidt, O.G. (2011) Light-controlled propulsion of catalytic microengines. *Angew. Chem. Int. Ed.*, **50**, 10875–10878.

Tierno, P., Golestanian, R., Pagonabarraga, I., and Sagues, F. (2008a) Controlled swimming in confined fluids of magnetically actuated colloidal rotors. *Phys. Rev. Lett.*, **101**, 218304-1–218304-4.

Tierno, P., Golestanian, R., Pagonabarraga, I., and Sagues, F. (2008b) Magnetically actuated colloidal microswimmers. *J. Phys. Chem. B*, **112**, 16525–16528.

Tierno, P., Guell, O., Sagues, F., Golestanian, R., and Pagonabarraga, I. (2010) Controlled propulsion in viscous fluids of magnetically actuated colloidal doublets. *Phys. Rev. E*, **81**, 011402.

Tottori, S., Zhang, L., Qiu, F., Krawczyk, K.K., Franco-Obregón, A., and Nelson, B.J. (2012) Magnetic helical micromachines: fabrication, controlled swimming, and cargo transport. *Adv. Mater.*, **24**, 811–816.

Turner, L., Ryu, W.S., and Berg, H.C. (2000) Real-time imaging of fluorescent flagellar filaments. *J. Bacteriol.*, **182**, 2793–2801.

Vilfan, M., Potočik, A., Kavčič, B., Osterman, N., Poberaj, I., Vilfan, A., and Babič, D. (2010) Self-assembled artificial cilia. *Proc. Natl. Acad. Sci. U. S. A.*, **107**, 1844–1847.

Volpe, G., Buttinoni, I., Vogt, D., Kümmerer, H.J., and Bechinger, C. (2011) Microswimmers in patterned environments. *Soft Matter*, **7**, 8810–8815.

Wang, Z.G., Elbaz, J., and Willner, I. (2012) A dynamically programmed DNA transporter. *Angew. Chem. Int. Ed.*, **124**, 4398–4402.

Wiggins, C.H., and Goldstein, R.E. (1998) Flexive and propulsive dynamics of elastic at low Reynolds number. *Phys. Rev. Lett.*, **80**, 3879–3882.

Zhang, L., Abbott, J.J., Dong, L.X., Kratochvil, B.E., Bell, D., and Nelson, B.J. (2009a) Artificial bacterial flagella: fabrication and magnetic control. *Appl. Phys. Lett.*, **94**, 64107–64109.

Zhang, L., Abbott, J.J., Dong, L., Peyer, K.E., Kratochvil, B.E., Zhang, H., Bergeles, C., and Nelson, B.J. (2009b) Characterizing the swimming properties of artificial bacterial flagella. *Nano Lett.*, **9**, 3663–3667.

Zhang, L., Petit, T., Lu, Y., Kratochvil, B., Peyer, K.E., Pei, R., Luo, J., and Nelson, B.J. (2010) Controlled propulsion and cargo transport of rotating nickel nanowires near a patterned solid surface. *ACS Nano*, **4**, 6228–6234.

Zhang, L., Petit, T., Peyer, K.E., and Nelson, B.J. (2012) Targeted cargo delivery using a rotating nickel nanowire. *Nanomedicine*, **8**, 1074–1080.

Zhang, L., Peyer, K.E., and Nelson, B.J. (2010) Artificial bacterial flagella for micromanipulation. *Lab Chip*, **10**, 2203–2215.

第6章　微纳米马达的应用

6.1　货物牵引：药物运输

在人造纳米马达未来的发展前景中，用马达进行货物的捕捉、运输和投递是很重要的一种应用。例如，未来进行药物传输的纳米汽车，将驱动和导航功能相结合，能够将靶向药物输送到身体的预定位置，以实现 40 年前《神奇旅程》中的愿景 (见 6.1.3 节中讨论)。这种定向给药是纳米技术在生物医学上最有前途的应用之一。此外，未来基于芯片的诊断系统也将需要将选定的生物目标 (比如癌细胞) 进行装载、主动运输和隔离。并且，未来的纳米技术系统也需要将纳米尺度物体在纳米结构中从一个位置沿指定路径精确运输到另一个位置。正如在第 2 章讨论的，蛋白质生物马达携带细胞货物沿着微管“轨道”运输，这些“轨道”就好像细胞中的道路。

近年来，在实现人造纳米机器的货物运输上科学界已经取得了显著进展。2008 年，Sen 和 Wang 课题组 (Burdick et al., 2008 和 Sundararajan et al., 2008) 首次展示了自驱动纳米马达 (化学催化纳米线马达) 捕获和运输货物的能力 (使用聚苯乙烯小球作为货物)。而 Wang 课题组还将对货物的牵引操控与微流体通道结合在了一起。自这些首创研究后，后续大量的研究表明各种各样的纳米马达能够牵引包括药物载体和细菌等的不同种类货物。在本章中我们将仔细讨论这些进展。

6.1.1　货物装载策略

要有效运输药物负载或生物细胞，一项重要的标准是纳米运输机应当具有较大的拖曳力。研究表明，许多化学驱动和外场驱动的微纳米马达具备在特定位置对货物装载、运输和释放的能力 (Wang, 2012; Zhang, Peyer, and Nelson, 2010)，可以从一个装载区域装载和运输不同的货物到预定的终点位置。将货物与纳米马达结合有许多种方法，而选择特定的方式来装载货物，对确保货物的高效运输是非常重要的。让一个运动的纳米马达捕获一个目标货物，需要在纳米马达或货物上增加额外的结合功能，如利用磁生物分子或静电相互作用。将货物耦合至纳米机器上最简单的方法是通过非特异性的静电、磁或者疏水作用将货物连接至马达表面。利用这些方法，目前已有大量自驱动微纳米马达捕获、拖曳或者推动惰性货物的报道。Sen 课题组 (Sundararajan et al., 2008) 和 Wang 课题组 (Burdick et al., 2008) 首次展示了催化纳米线马达捕获、运输和释放聚苯乙烯微球的能力。具体来说，宾西法尼亚州立大学的课题组展示了 Pt-Au 纳米线马达能够通过静电相互作用，使带负电的聚吡咯末端与带正电的胀功能化的高聚物颗粒耦合 (图 6.1a)。此外，高聚物颗粒也可以包裹上链霉亲和素并与生物素功能化的纳米马达相结合 (图 6.1b)(Sundararajan et al., 2008)。这种“蛋白质–配体”和“亲和素–生物素”的相互作用已在驱动蛋白/微管束纳米梭系统中得到了广泛应用 (参见 2.2.6 节)(Bachand et al., 2006)。另一种常见的纳米马达装载货物的方法是利用含有镍段的纳米线马达 (例如 Pt/Ni/Au/Ni/Au) 和含有氧化铁纳米颗粒的微颗粒间的弱磁相互作用 (Burdick et al., 2008; ·Kagan et al., 2010c)。

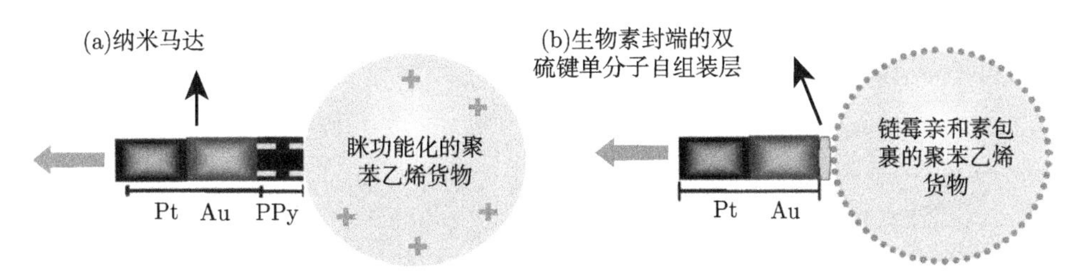

图 6.1 货物连接至催化纳米线马达的方案：(a) 纳米马达带负电的聚吡咯末端和带正电的胀功能化聚苯乙烯微球间的静电作用；(b) 通过二硫键在纳米线马达金末端功能化的生物素终端和链霉亲和素包覆的货物之间的“生物素 - 链霉亲和素”连接 (经许可转载自 Sundararajan et al., 2008)

Wang 课题组 (Kagan et al., 2010c) 也证明了化学催化纳米线马达可以轻易地装载上含有药物的聚乳酸羟乙酸共聚物 (PLGA) 和脂质体，并且运送至目标位置。Wang 课题组估算了运送不同尺寸颗粒的速度，并且讨论了影响纳米马达运输药物纳米载体速度的因素。正如预期的那样，流体阻力的增加与装载的粒子有关 (斯托克斯方程，公式 (1.8))，随着粒子尺寸从 0.8 μm 增加到了 2.0 μm，装载有对应颗粒的马达的速度从 13.5 μm/s 降至 6.3 μm/s.

催化微米管引擎也能够有效地定向运输货物。Solovev 等人 (2010) 展示了使用管状 (Ti/Fe/Pt) 微米引擎通过将微尺度物体吸附至微米管的前端，来捕获、运输和释放多个胶体微颗粒和薄金属纳米片等微尺度物体 (图 6.2a)。当运输单个直径为 5 μm 的聚苯乙烯微球时，微纳米引擎施加的力为 3.77 pN。随着颗粒数目的增加，运输速度随之降低 (图 6.2b)，高推进力可以同时将 60 个聚合物颗粒运输到特定位置 (图 6.2a)。微米管在运动时，前端吸入液体，因而产生吸力，从而克服了胶体颗粒的布朗扩散运动。因此，当这些颗粒足够靠近微米发动机时，它们会一直被吸附在管的入口处。

Baraban 等人 (2012b) 研究了具有催化活性的 Janus 微球运输货物的动力学。其中特别注意了单个或一对活性载体装载和运输胶体货物的情况。他们还描述了使用球形催化磁性 Janus 颗粒在微流体通道中操纵 (装载、运输和释放) 微尺度物体的情况 (Baraban et al,. 2012a)。

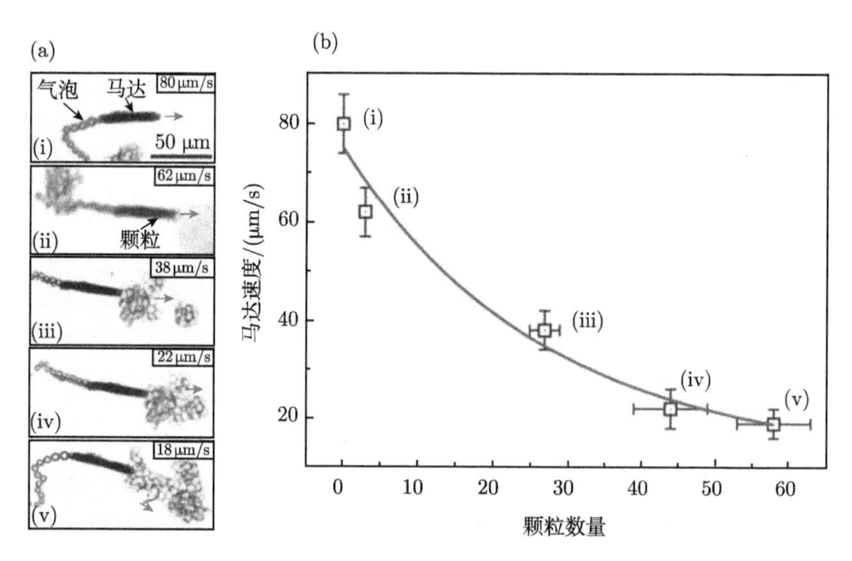

图 6.2　通过管状微米引擎运输多个货物。(a) 微米引擎运输不同数目聚苯乙烯微球的显微图像 (i)3 个，(ii)27 个，(iii)44 个，和 (iv)58 个；(b) 在浓度为 5% 的过氧化氢溶液中微米引擎的速度与其装载货物数量的关系 (经许可转载自 Solovev et al., 2010)

外部驱动的磁性马达也可以捕获和运输货物。这种能够牵引货物的无需燃料的微马达在体内和体外的生物医学应用中具有巨大的潜力，包括药物靶向运输和细胞或亚细胞对象的操纵。Zhang 等人 (2012) 展示了使用旋转磁性镍纳米线来操纵高分子微球货物。他们实现了在固体表面对单个聚苯乙烯微粒的推、拉和旋转。此外，微球通过翻滚直接组装在纳米线的一端，然后从开放微通道的一侧输送到另一侧，并从纳米线上释放出来。

Nelson 课题组还展示了磁驱螺旋微马达对货物的牵引和操纵能力 (Tottori et al., 2012，参见 5.1.1 节)。这些磁性微型机器人的前端还制备有一个微型卡槽，以便于货物的捕获和运输 (图 6.3)。这种包含微型卡槽的单个螺旋微机器还可以在三维空间运输胶体微粒。图 6.3b 展示了其运输直径为 6 μm 的聚苯乙烯球的显微照片。这些螺旋微机器在生物样品的显微操作上具有极好的前景，并且具有进行体内药物运输的潜力。

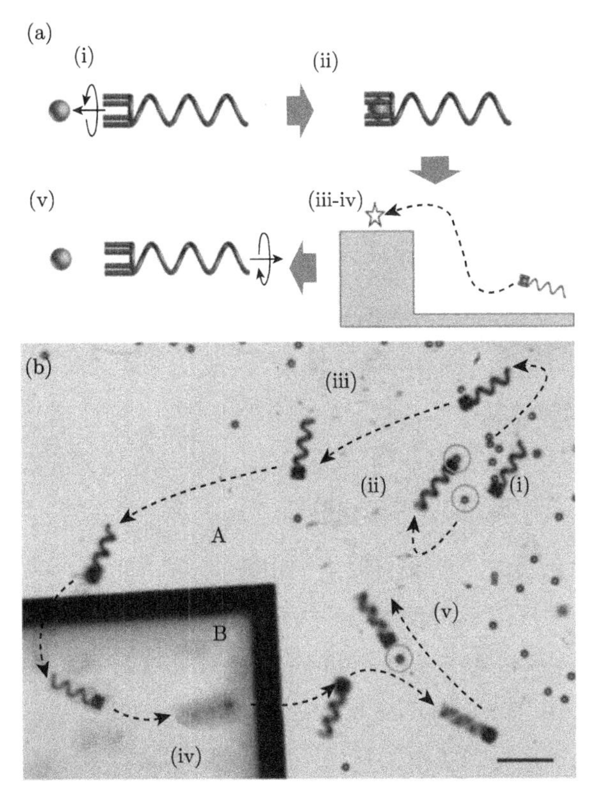

图 6.3 (a) 具有微卡槽的磁驱螺旋状微机器进行货物运输；(b) 微机器对直径为 6 μm 的微颗粒进行拾取和放置的显微图像。圆圈中的微颗粒为被运输的颗粒。比例尺：50 μm(经许可转载自 Tottori et al., 2012)

6.1.2 货物释放方法

目前人们期望将微纳米马达应用于各种操作，并且能够在多个结合/释放循环中实现再利用，这其中一个主要的技术挑战是对捕获货物的可控释放。因此如何能够触发货物的卸载就相当重要。在预选的目的地释放被捕获的货物是几个重要的

应用 (例如，药物靶向递送) 和功能化马达的再利用所提出的迫切需求。这种触发货物卸载的过程相较装载过程更具挑战性，却受到了较少关注。在之前的研究中，可以通过各种触发机制来实现生物纳米马达的货物卸载，例如光 (Kato et al., 2005)、化学方法 (Hirabayashi et al., 2006)、生物化学方法 (Hiyama et al., 2008; Taira et al., 2006) 或温度 (Hiyama et al., 2010) 等。而想要实现在目标地点自主和准确的药物递送，需要能够响应周围肿瘤环境 (例如局部蛋白酶或酸性 pH) 的某种可断裂的连接。或者，可以通过外部触发来实现这样的可控释放。

最近，已经有多个人造微型马达卸载货物的报道 (Burdick et al., 2008; Campuzano et al., 2012; Orozco et al., 2011; Sundararajan et al., 2010)。人们研究了基于外界刺激或化学刺激的各类方法，来实现货物从微马达上的卸载，包括化学刺激，比如马达游动到存在某种化学物质的区域来触发货物释放；或者外部刺激，比如利用光源和磁场诱导货物的卸载。如，Sen 课题组 (Sundararajan et al., 2010) 展示了在化学催化 Pt-Au 纳米线马达上通过光化学反应实现货物释放。该团队展示了两种货物卸载的方案，包括光刺激下的银溶解 (在氯离子和过氧化氢存在下) 和光诱导裂解的双官能团邻硝基苄基连接。在这两种情况下，紫外线 (365 nm) 都会触发货物的释放过程。因为光可以只照射很狭窄的一个区域，这种光化学触发卸载过程因而特别适用于芯片实验室 (LOC) 器件上。

马达周边环境的各种变化也可用于货物的卸载。生物分子置换反应也可用于货物的释放及在结合和非结合形式之间切换。Wang 课题组发现，在 ATP 溶液中运动的混合适配体 (凝血酶 —ATP) 修饰的微马达可以在 ATP 触发下释放所装载的凝血酶 (thrombin) 蛋白 (Orozco et al., 2011)。其与 ATP 之间的相互作用导致了构象发生变化，从而释放了微引擎表面的凝血酶–适配体 (aptamer) 复合物。同样，甘氨酸和低 pH 值也可触发卸载经凝集素 (lectin) 修饰过的微米马达上的细菌 (Campuzano et al., 2012)。在第 6.2 节中还会讨论使用适配体或凝集素修饰的这些微纳米马达的细节。DNA 碱基配对过程也可用于控制货物的装载/卸载，类似于其在驱动蛋白基的分子梭中的广泛应用 (Hiyama et al., 2008; Schmidt and Vogel，2010)，但 DNA 可能会受过氧化物燃料影响。

也可用磁力实现磁球货物的可控释放。这种方法通过快速反转含 Ni 纳米线马达的运动方向，来克服货物颗粒与纳米马达之间的磁吸引力，从而使马达与磁性货物分离 (Burdick et al., 2008)。

6.1.3 药物递送：实现《神奇旅程》的愿景

药物递送是纳米技术最令人兴奋和重要的应用之一 (Nishiyama，2007)。目前对于将诊疗试剂输送至依靠体循环无法到达的身体区域有巨大的需求。新一代药物递送工具可能需要引入推进和导航功能，从而可有效将负载输送到身体中的预定位置。在这一方面，自推进或外部驱动的纳米马达是一种有吸引力的独特方法，可将药物靶向式地递送至目的地。通过将治疗剂直接输送到患病组织，这种纳米马达有望显著提高治疗效果并减少高毒性药物的副作用。例如，化疗研究的主要目标是使药物特定地积累在肿瘤部位，并区分患病和健康细胞。这将减少对健康组织的不利影响，并实现治疗剂量的最优化。因此，理想的纳米机器药物载体能够将药物输送至身体特定位点，然后以可控的方式释放治疗药物，并最好是由指定地点周围局部环境变化而自发释放。或者，也可通过远程外部触发 (例如超声波或射频) 来释放纳米载体上的药物。递送的治疗试剂可用于诊断、成像与靶向定位，因而也赋予了微纳机器人多功能特性。近年来的初步概念验证研究证实了人造纳米马达运输治疗药剂的潜力 (Gao et al., 2012; Kagan et al., 2010c; Nelson, Kaliakatsos, and Abbott, 2010; Zhang et al., 2012)。但是实现《神奇旅程》的愿景仍然需要克服大量的挑战。

Wang 团队使用催化纳米线马达运输了常见的聚合物和脂质体药物载体 (Kagan et al., 2010c)。最近的研究表明，聚合物球体和脂质体可以用作 "纳米容器" 以封装药物或其他分子，因而选取这两种颗粒作为货物进行研究。药物载体的捕获是通过氧化铁包封的载体和嵌入镍片段的纳米线之间的磁吸引力实现的。图 6.4 展示了三种不同尺寸球形聚合物 (PLGA) 药物载体被燃料驱动纳米线马达运输的过程。正如斯托克斯方程所预测的那样，随着颗粒尺寸增加，纳米马达运动速度稳定下降 (图 6.4a~c)。具体来说，在五秒内，纳米马达携带尺寸分别为 2.0, 1.3 和 0.8 μm 的颗粒的运动，运动距离分别是 31.5, 48.5, 67.5 μm。正如预期的那样，负载的粒子增加了流体动力学阻力，导致随着粒子尺寸增大，推进速度的单调下降，并近似遵循简单的斯托克斯球体关系式。

学术界普遍认为无燃料纳米马达更适用于未来的体内生物医学运输和药物递送应用。Gao 等人 (2012) 使用磁驱动柔性纳米马达定向运输了含有药物的磁性聚合物颗粒。他们证明了柔性的磁性 Ni-Ag 纳米马达 (5~6 μm 长，直径为 200 nm) 能够以大于 10 μm/s 的速度运送微米颗粒 (每转超过 0.2 个体长)。此外，还通过实验检验了货物尺寸对运动性能的影响，并与理论模型进行了对比，突出了流体牵引力和边界致动之间的相互作用。而后，进一步展示了将药物载体在微流体通道中从拾取区运送至释放微孔。最后，通过在体外实验中将载有药物 (阿霉素 doxorubicin) 的 PLGA 微颗粒递送至海拉 (Hela) 癌细胞，证明了这种无燃料纳米马达潜在的应用价值。由于组织表面或细胞膜需要使用机械力打开，组织的穿透和钻孔通常需要比运输货物更大的推力 (Peyer et al., 2013)。磁性螺旋形纳米机器人能够穿透软组织，这对于其药物输送也大有帮助 (Nelson，Kaliakatsos，and Abbott，2010; Peyer et al., 2013)。第 5 章中也介绍过，Xi 等人 (2013) 证明了管状含有锋利尖端的铁磁性 Ti/Cr/Fe 微型钻头可以在离体环境中对软生物组织进行机械钻孔作业。

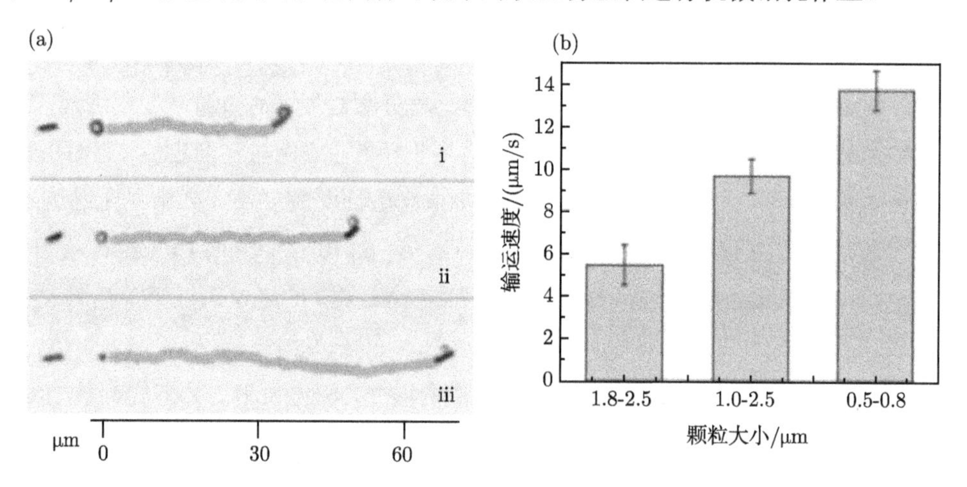

图 6.4　通过自驱动催化纳米线马达运送微尺度药物载体。(a) 运输不同尺寸的单个药物载体高聚物 (PLGA)：(i)2.0 μm，(ii)1.3 μm，和 (iii)0.8 μm；(b) 马达运动速度与所输运的携带药物的 PLGA 颗粒尺寸的关系 (经许可转载自 Kagan et al., 2010b)

6.2　生物传感和目标分离

6.2.1　基于生物马达的传感："智能尘埃" 设备

生物马达和相关的驱动过程可以捕获和运输目标蛋白质并沿微管运动，因此为纳米级生物传感器和生物芯片的分析处理提供了有吸引力的解决方案。一个很好的例子是 Hess 团队开发的运动蛋白驱动的 "智能尘埃" 感应装置，内有用于捕获、运输和探测目标蛋白的抗体修饰的微管 (Fischer，Agarwal，and Hess，2009)。"智能尘埃" 设备能够自主地标记、运输、沉积和探测未标记的分析物，其中抗原的捕获和运输替代了通常耗时的洗涤步骤。

这种智能器件本质上是一个纳米尺度的输运系统，在该系统中抗体修饰的微管被固定在装置表面的驱动蛋白马达推动。在这些移动平台上组装出双抗体三明治，以微米管上连接的抗体作为捕获抗体 (图 6.5)。目前已经证明了双抗体三明治测定法可成功用于各种目标蛋白 (Bachand et al., 2006; Fischer，Agarwal，and Hess，2009)。这种 "智能尘埃" 装置的一个重要特点是能够主动分离和运输分析物到其可以被检测的目标位置。生物驱动运输为分析物在微芯片构架中的分离、运输和富集提供了一个有吸引力的方法。Katira 和 Hess(2010) 证明了这种分子梭的主动运输可以使分析物在传感器表面的积累速度提高几个数量级，从而克服纳米传感器的传质瓶颈。基于微管的分子梭通过与包覆驱动蛋白的微通道轨道结合，也可用于蛋白质分选 (Bachand et al., 2009)。这种技术潜在的缺点之一是在原始样品中可能存在干扰物，从而抑制输运功能。Bachand 和 Banchand(2012) 评估了潜在干扰物对 "智能尘埃" 生物传感器运输系统的影响。结果表明驱动蛋白-MT 的运输会由于 pH 的显著变化或氧化剂的存在而失效。

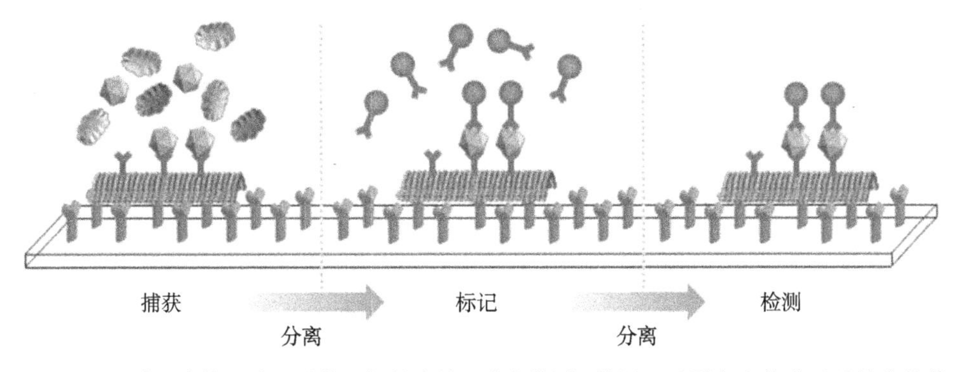

图 6.5 一种由生物马达驱动的 "智能尘埃" 感应装置。使用驱动蛋白生物分子马达和抗体功能化微管梭，用于捕获、分离和标记靶抗原 (经许可转载自 Bachand and Bachand，2012)

Rios 和 Bachand(2009) 使用驱动蛋白-MT 主动运输系统同时检测了多种蛋白质分析物。他们使用了不同大小的抗体功能化量子点纳米晶体，每种纳米晶体有其独特的谱线，基于此实现了分析物的多路检测。Lin 等人 (2008) 展示了使用生物素化的基于微管的分子梭，在微流体装置中对荧光标记的链霉抗生物素蛋白进行分类、运输和浓缩。在其他高浓度蛋白质存在的环境下，该团队使用模板荧光分析物和纳升级样品实现了低至 14 fM 的极高分析灵敏度。

Frasch 团队 (York et al., 2008) 开发了一种具有极高灵敏度的纳米生物传感器，该传感器由一个 F_1-ATP 合酶分子转子及一根可以用显微镜观察到的纳米棒探针构成，其检测限低至 1 zmol(10^{-12} mol，约 600 个分子)(译注：英文版原文如此)。该器件通过 F_1-ATP 合酶旋转来检测 DNA 杂交 (图 6.6)。核酸靶的夹心杂交过程导致了金纳米棒示踪剂的捕获。F_1-ATP 合酶生物马达能使被捕获的纳米棒旋转，并被暗场显微镜观测到，从而说明了 DNA 靶标的存在。这种 ATP 引发的旋转可以有效区分非特异性结合的纳米棒与被传感器捕获的纳米棒。

目前，由于蛋白马达在体外实验中寿命有限、热稳定性差，并且只可忍受十分有限的环境条件，这种蛋白质马达的传感应用遇到很大的阻碍。基于生物马达的微芯片想要成功应用，需要开发出在新颖的器件几何形状中能够随着时间推移维持蛋白质功能的方法。

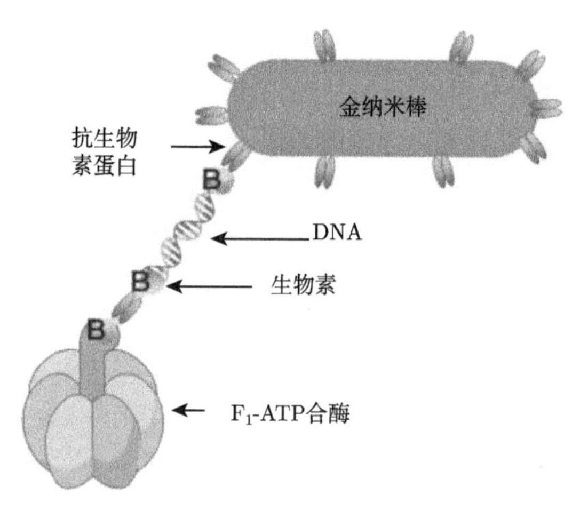

图 6.6 超灵敏检测 DNA 杂交的单分子传感装置的自组装，通过 F_1-ATP 合酶马达和金纳米示踪棒序列特异性连接而成 (经许可转载自 York et al., 2008)

6.2.2 基于运动的信号传导

纳米马达的运动速度和运动距离可能会由于某些特定化学物质而产生变化，这为基于运动的化学分析方法的发展提供了基础。这种基于运动的信号传导是通过在目标分析物存在的情况下，使用光学显微镜追踪纳米线马达运动速度的变化。运动作为新的信号传导机制并用于检测银离子的想法是由 Kagan 等人在 2010 年首次提出的 (2010a)。该 UCSD 团队观察到低浓度的银离子可以显著加速 Pt-Au 纳米线马达。他们推测这种加速是由于银在铂段上的欠电位沉积，并提高了 Pt 的电催化活性。这种银诱导的加速受银离子浓度的影响很大，而在不同浓度下的距离信息可以通过光学显微镜可视化测量。基于该发现，开发了一种基于易观测的距离和运动速度信号来实现高选择性和高精度的银离子检测方法。

基于银离子对 Au-Pt 纳米马达的加速现象，Wang 研究组进一步发展了以运动速度为传感信号的马达式核酸检测新方法 (Wu et al., 2010)。该工作检测思路是通过夹心核酸反应捕获 AgNPs(银纳米颗粒)，而后溶解成 Ag^+ 加速纳米马达的运动，基于马达运动速度的变化实现对目标核酸分子的检测。具体为，首先在金表面固定捕获探针，利用夹心检测模式识别目标核酸分子及 AgNPs 标记的检测探针。而后在金表面加入 H_2O_2，使 AgNPs 氧化生成 Ag^+。最后把 Ag^+ 溶液加入 Au-Pt 纳米马达溶液中，使得马达运动速度加快。目标核酸分子的浓度越高，被捕获的 AgNPs

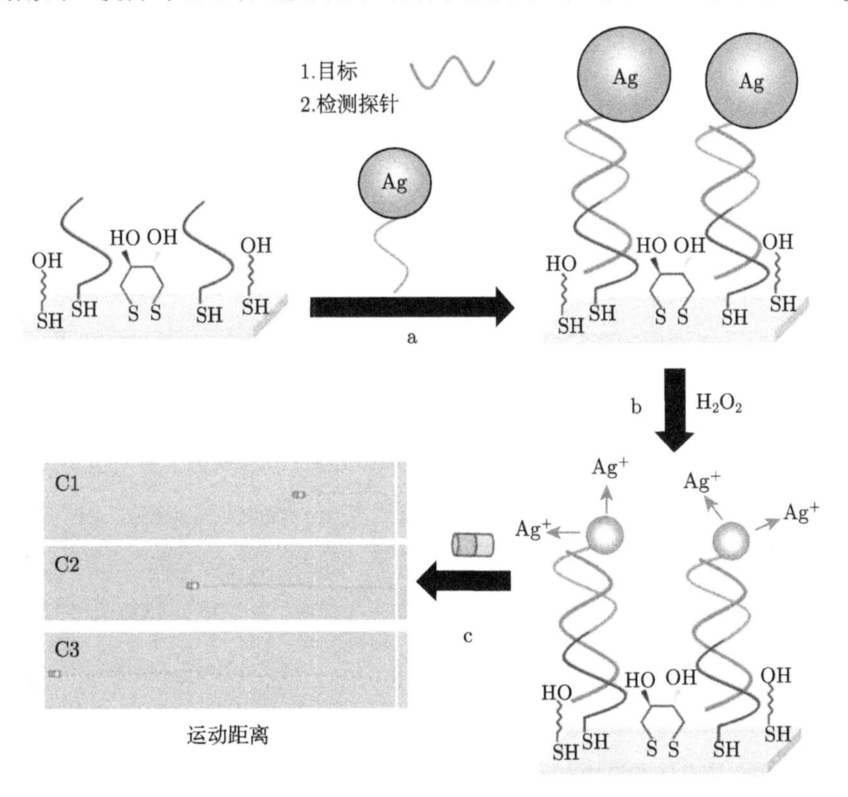

图 6.7 马达式核酸检测方法。(a) 基于夹心检测模式，在金表面利用捕获探针识别目标核酸分子及 AgNPs 标记的检测探针；(b) 过氧化氢溶解银纳米粒子，生成富含 Ag^+ 的燃料溶液；(c) 可视化检测纳米马达在富含 Ag^+ 的燃料溶液中的运动速度 (经许可转载自 Wu et al., 2010)

越多，Au-Pt 纳米马达的运动速度也就越快，单位时间内的运动路程就越长。最后通过纳米马达的运动速度或运动路程对目标 DNA 进行定量测定，结合磁场导向，实现了基于纳米马达的直线 "赛跑式" 可视化 DNA 检测 (图 6.7)。该方法具有很好的检测灵敏性和选择性，对 DNA 的检测可低至 40 amol(10^{-10} mol)，并实现了细菌 RNA 的准确、简单、快速、灵敏检测 (无需分离和纯化步骤)。

Simmchen 等人 (2012) 描述了基于运动检测 DNA 杂交的另一种方法，这种方法用到了过氧化氢酶和单链 DNA 不对称修饰的二氧化硅颗粒。他们的新概念是基于寡核苷酸修饰马达和货物的 DNA 夹心杂交原理，能够控制特定 DNA 分析物的运动和运输，以及通过直接视觉跟踪货物实现基于运动的杂交事件的检测。只有当样品中有特定的寡核苷酸序列时，马达微颗粒才可以捕获和运输修饰有非互补单链 DNA 分子的货物颗粒。

6.2.3　生物目标的分离："游动–捕获–分离"

在从生物检测诊断到环境修复等多个领域中，生物材料的运输和分离都是一个重要且具有挑战性的任务。研究表明，我们可以将人造和天然的微纳米尺度马达的运动和能量用于运输目标生物材料 (Bachand et al., 2006; Campuzano et al., 2011; Hess and Vogel, 2001; Wang, 2012)。这些修饰有受体的微机器可以集成到微芯片中，以制备用于生物目标微分离的装置。这种小型马达可以从原始复杂生物样品中直接快速地将目标分离，而无需准备和洗涤步骤。这种通过纳米马达的自主运动的 "活性运输" 与芯片实验室结合后，成为一种强大的分离方法 (在第 6.3 节中讨论)，因为它可以免除在这样的微系统中通常需要的液体流动 (和相关的能源要求)。运输步骤也可用于替代普通生物亲和力检测的洗涤步骤 (Fischer，Agarwal，and Hess，2009)。该方法的灵感来自于细胞中的生物运输和微芯片器件中使用的驱动蛋白生物马达 (Hess，Bachand, and Vogel，2004)。

研究表明，受体修饰的微管发动机在对不同目标分析物的选择性分离和生物测定中是非常有用的。例如，用 ss-DNA、抗体、适配体 (aptamer) 和凝集素 (lectin) 受体对这些微引擎进行修饰 (图 6.8)，可有效应用于从复杂样品中分离核酸、蛋白质、癌细胞和细菌 (Campuzano et al., 2011)。因此，这些受体改性的微引擎在生物医药、食品安全和生物防治等领域具有重大的应用前景。在未加工的复杂生物流体中操作时，为了减小非特异装载 (吸附) 和结垢效应，需要精心设计表面化学物质。

在微引擎的外金表面上，短的巯基己醇硫醇二元自组装单层 (SAM) 已被证明有助于实现这种表面化学的控制。

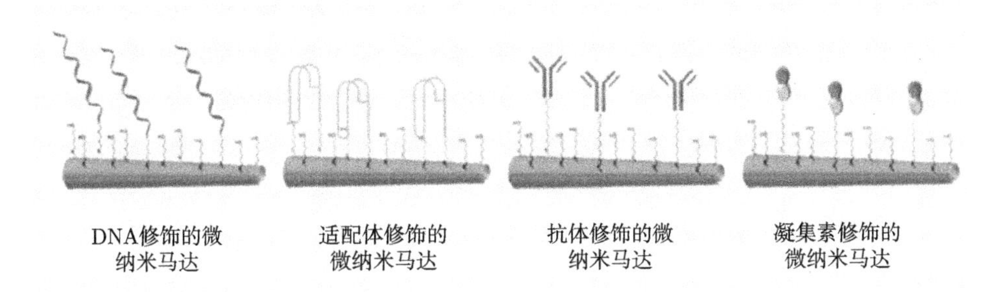

图 6.8 用于分离不同生物目标的微运输体。由 ss-DNA、适配体、抗体和凝集素等不同微生物受体修饰的管状微马达，可分别用于核酸、蛋白质、癌细胞和细菌的即时分离。通过混合的单层烷基硫醇来实现生物受体在金外层的表面固定 (经许可转载自 Wang, 2012)

例如，Wang 的团队 (Kagan et al., 2011b) 证明了可以用硫醇化单链寡核苷酸探针修饰的微管引擎，选择性运输互补寡核苷酸或细菌 rRNA(图 6.9)。这些 DNA 修饰的微火箭可以从未经处理的复杂生物样品 (例如血清、尿、大肠杆菌裂解物、唾液) 中进行 “即时” 的杂化以及选择性单步分离目标核酸，而无需准备和洗涤步骤。且该过程样品中不会受到大量非目标序列的影响。微量引擎的运动还会引起局部的液体对流，因而提高了目标的杂交效率。

Garcia 等人 (2013) 使用了经抗体修饰的人造自驱动催化微米管引擎芯片实验室 (LOC)，在不同储存器之间实现捕获和运输目标蛋白质。这种蛋白质微转运体通过简单的模板电化学沉积方法制备，其聚合物/Ni/Pt 微管的最外聚合物层中含有羧基末端。所制备的抗体改性微马达能够 “即时” 捕获和运输靶抗原，并在第二步中，在不同储存器中，马达与在微球上标记的二级抗体结合。该实验展示了其在不同微芯片储存器中，能够高效进行多次接合 (conjugation)。运输步骤取代了传统夹心免疫检测中常见的洗涤步骤，类似于基于驱动蛋白的 “智能尘埃” 免疫测定 (Fischer，Agarwal，and Hess，2009)。

Wang 和他的同事还展示了适配体修饰的微马达自主装载、定向运输和辅助卸载靶蛋白的能力 (Orozco et al., 2011)。适配体改性微马达的快速运动能够高选择性并高速捕获目标凝血酶，并可以不受大量非靶蛋白的影响。捕获的凝血酶通过使用含有 ATP-结合适配体和加入 ATP 的混合结合适配体来实现释放。

研究人员还将这种 “游动–捕获–分离” 方案进行了扩展，使用凝集素功能化的微引擎对目标细菌进行了分离 (Campuzano et al., 2012)。他们在管状金/镍/聚苯胺/铂 (Au/Ni/PANI/Pt) 微引擎表面修饰了刀豆球蛋白 A(Concanavalin A) 凝集素受体，以识别多糖细菌表面，从而实现了从环境、食品和临床样品中快速、实时地分离大肠杆菌。微引擎与细菌尺寸相近，因而可对结合过程和目标及非目标细胞之间区别实时可视化。可通过能够分解凝集素–细菌复合体的低 pH 甘氨酸溶液来选择性地释放所捕获的细菌。微马达还可以同时捕获和运输目标细菌和球形聚合物药物载体。这种将大肠杆菌分离与 “现场” 治疗相结合的双重功能，为自驱动纳米机器平台提供了新的诊疗能力，有望应用于发现和消灭受污染的食物和水中的病原体。

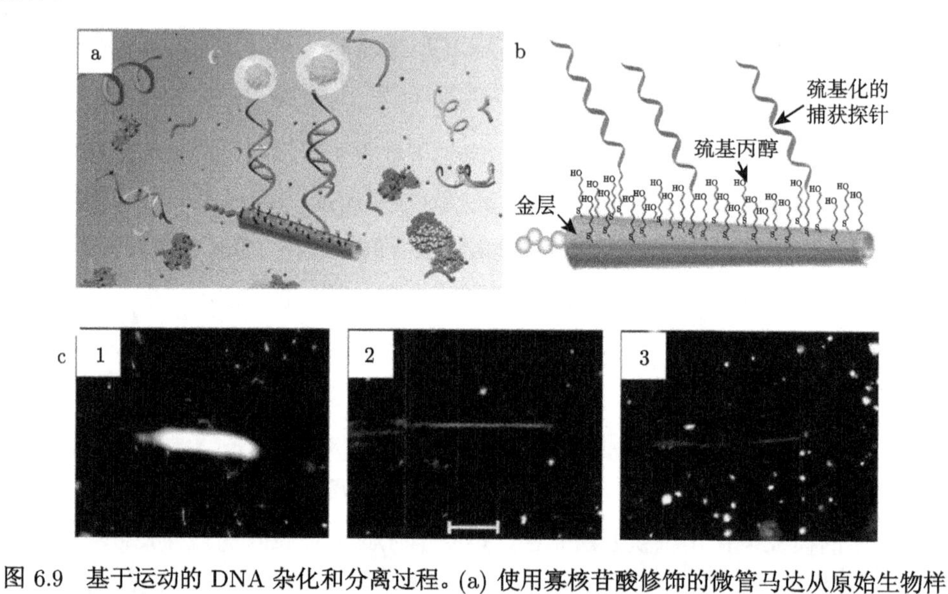

图 6.9　基于运动的 DNA 杂化和分离过程。(a) 使用寡核苷酸修饰的微管马达从原始生物样品中选择性装载目标核苷酸的示意图；(b) 用于 DNA 杂化的微管马达表面由自组装二元单分子层修饰；(c) 以标记的荧光微球展示 DNA 修饰微马达对于 (1) 25 nM DNA 靶标，(2) 250 nM 三碱基错配，和 (3) 250 nM 非互补 DNA 序列的选择性捕获 (经许可转载自 Kagan et al., 2011c)

Wang 的团队 (Balasubramanian et al., 2011) 介绍了一种基于表面修饰抗体的微米引擎火箭，通过选择性结合和运输，从复杂环境中分离癌细胞的方法 (图 6.10)。他们使用抗体修饰的管状微引擎选择性识别胰腺癌细胞过度表达的表面抗原，从而将其选择性捕获并沿预定路径运输。这种从细胞混合物中选择性识别单个癌细胞的能力，可用于早期肿瘤细胞检测的生物分析微芯片。Sanchez 等人 (2010) 使用了未修饰的微管马达，通过磁控导向以可控的方式将动物细胞运送到期望的位置。这种马达通过流体吸力在其前部捕获多神经元 CAD 细胞 (来自中枢神经系统的导管蛋白聚糖细胞系)，并借由快速旋转磁铁将其迅速释放。

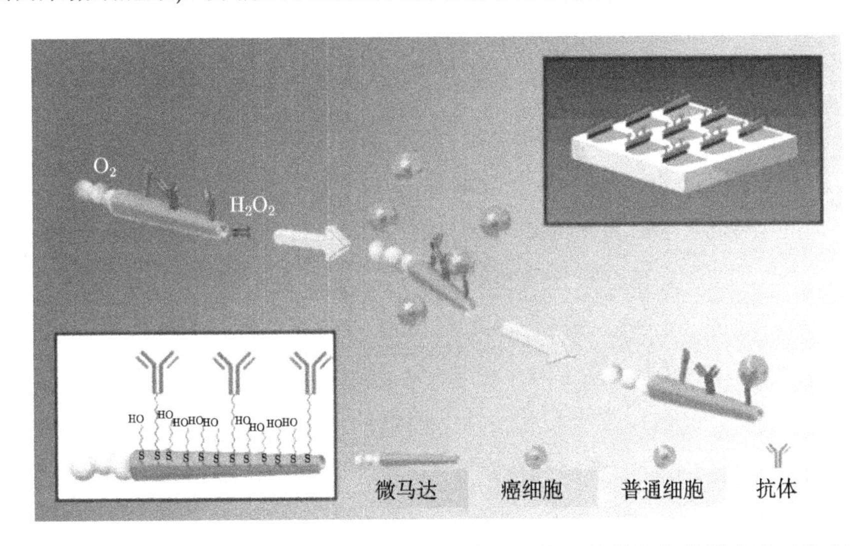

图 6.10 用于分离循环癌细胞的自驱动免疫微米机器：使用抗体修饰的微米管引擎来识别表面抗原过度表达的胰腺癌细胞，并从细胞混合物中分离出这些目标细胞 (经许可转载自 Balasubramanian et al., 2011)

Kuralay 等人 (2012) 展示了一种利用纳米机器外部聚合物层的内置识别特性来分离目标糖和细胞的方法。这一概念通过聚 (3-氨基苯基硼酸)/Ni/Pt 微管马达来展示，该马达的最外层高聚物能够识别特定的单糖，从而作为识别目标生物分子的受体，而无需进行其他的受体修饰。酵母细胞 (在其壁上含有糖残基) 和葡萄糖能够 “即时” 在运动中与纳米马达连接并运输，并在添加果糖时被释放下来。

6.3 微芯片装置中人造马达的主动纳米尺度运输

催化微纳米马达的一系列特殊功能，包括大推进力、表面功能化、精确的运动控制、有效的货物装载、运输和释放等，可以结集起来用于开发复杂微通道网络中基于 “主动运输” 的先进微芯片系统。在所开发的芯片微系统中使用人造微马达的灵感来自于自主运动的驱动蛋白生物马达所开发的芯片微系统 (Hess，Bachand，and

Vogel, 2004)(2.2.6 节)，但微纳米马达也解决了有关蛋白质马达在非生物环境中的一些挑战，例如可能的蛋白变性和蛋白寿命有限等 (van den Heuvel and Dekker, 2007)。相较而言，人造微纳米马达与工程微系统和环境之间高度兼容，并可以轻易地适应不同种类的芯片实验室。要实现功能化的微纳米马达在微芯片的狭窄微通道中沿预定路线运动，马达需要沿预定路线进行受控运动，并在各个交叉路口都有良好的方向性、操控性和分选功能。大多数情况下，这些功能都采用如 4.1.2 节所述的磁控方法来实现。

多个课题组已经将不同的人造微纳米马达用于开发芯片上的微系统 (Wang, 2012)。Wang 课题组 (Burdick et al., 2008) 展示了人造马达在微流体通道中的操作，包括定向运动、在分叉口的磁分选和沿着预定路线的装载和运输 (图 6.11)。例如，一个磁性微粒通过 Au/Ni/Au/Pt-CNT 纳米线马达在微通道中进行运输，通过控制磁引力实现微粒的装载和释放。类似地，精确的运动控制和微管马达的较大动力可以让这些微米火箭装载多个货物，并运输它们到微芯片中的预定位置 (Sanchez et al., 2011)。此外，实验中观察到微纳米马达倾向于朝微通道壁移动，这是因为该处的层流缓慢。

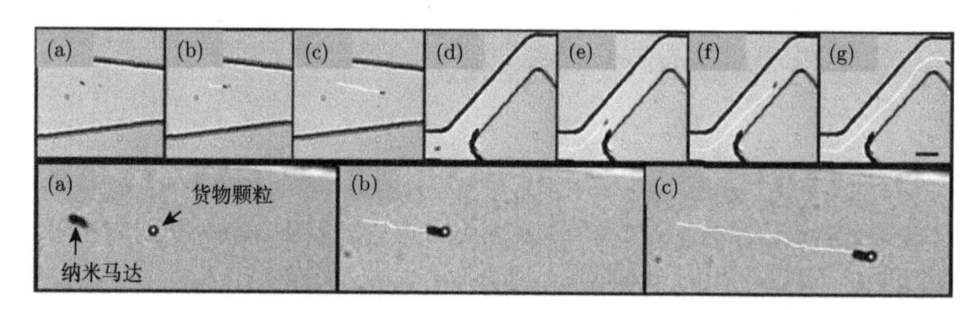

图 6.11 通过催化马达在微流体通道中运输货物。纳米线马达动态装载直径为 1.3 μm 的磁性微米颗粒的光学显微图像 (a~c)，以及马达沿着 25 μm 宽的微流体通道运输货物的光学显微图像 (d~g)。含有 Ni 的自驱动纳米线马达在通道中通过磁性来控制方向 (经许可转载自 Burdick et al., 2008)

Baraban 等人 (2012a) 证明了磁性修饰后的催化 Janus 颗粒能够在含有过氧化氢燃料的微流体通道中精确操纵，并对微尺度货物进行装载、运输和分选等各类操作。Janus 马达驱动力足够强大，可以装载大颗粒和多颗粒。

以上所述的这些研究进展可用于开发能够代替压力驱动或电动液相驱动的新

型微流体装置。随着未来的纳米机器越来越先进，它们有望在微芯片领域做出重要贡献。

6.4 基于纳米马达的表面图案化和自组装

人造纳米马达可通过局部反应产生微尺度的表面结构图案 (Manesh, Balasubramanian, and Wang, 2010; Manesh et al., 2013)。在这种基于纳米马达的制备方案中，马达表面由 A 试剂修饰，而马达在含有 B 试剂的溶液中在基板附近 "游动"，引发产物 C 在表面的局部沉积/沉淀 (图 6.12)。例如，Wang 团队通过芳香胺–过氧化氢酶修饰了催化纳米线马达，并在苯胺和过氧化氢存在下引导其运动，生成了清晰的导电聚合物 (聚苯胺) 微线图案 (Manesh，Balasubramanian，and Wang，2010)。所得到的表面图案是由在过氧化氢燃料存在下苯胺单体的局部聚合而形成的。Wang 和其同事还使用葡萄糖氧化酶修饰了柔性三段 Au-Ag$_{柔性}$-Ni 纳米线马达，在含有葡萄糖和 $AuCl_4^-$ 离子的混合溶液中通过旋转磁场对其进行了磁力驱动，由于生物催化反应生成了螺旋形微结构 (Manesh et al., 2013)。具体来说，葡萄糖的生物催化氧化导致在空间中沿螺旋状生成了 H_2O_2，其作为还原剂将 $AuCl_4^-$ 离子局部催化还原成玻璃基底上的金。由于生物催化层是固定在旋转的纳米线上的，因此产生了特别的螺旋状图像。

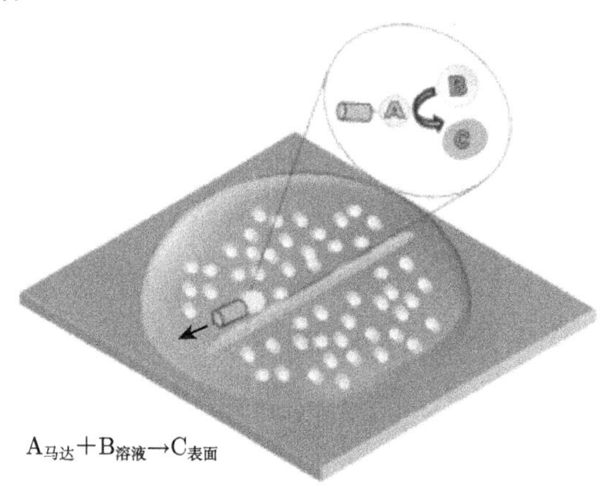

图 6.12 基于纳米马达的表面微结构的直写。通过控制表面功能化马达在表面附近的运动，产生局部化学反应和材料沉积，得到表面微结构 (经许可转载自 Manesh，Balasubramanian，and Wang，2010)

基于纳米马达的图案化，可以通过不同 (生物) 化学反应产生不同材料的许多微图案。这种基于运动诱导的微加工概念能够被扩展用于不同种类的纳米马达和不同的驱动机制。因此可以通过仔细选择反应物和具体反应，在各种基板上制备不同材料 (聚合物、金属等) 构成的种类齐全的微结构。

自组装是纳米马达能够发挥越来越大作用的一个领域 (Hess，2006；Hess et al., 2005)。纳米尺度下的自组装通常依赖于溶液中的扩散传输，而小尺度马达的主动运输能力可用于加快纳米结构的自组装进程。纳米马达的这种自组装能力源于其对非平衡结构的快速运输与组装、运动与位置的精确控制、施加的定向力和群体出现的自组织现象。纳米马达的活性自组装因而可以提高我们对纳米尺度构件运输、定位和组织的控制能力，从而推进自组装和纳米制造向纵深发展 (Hess，2006)。

6.5　利用微纳米马达进行环境监测与修复

Wang 及其同事首次将人造微尺度机器应用于环境修复 (Guix et al., 2012)。他们将具有高疏水性的长链自组装烷硫醇单层修饰在自驱动管状微引擎的粗糙金外表面上，从而使马达能够捕获、运输和去除周围水样中的油滴 (图 6.13)。通过使用不同的链长度和头部官能团可以调控表面疏水性，从而改变微纳米马达和油滴之间的相互作用程度和收集效率。由此制备的 SAM 包覆的 Au/Ni/PEDOT/Pt 微引擎在水环境中与油滴之间有极强的相互作用，并在清除污水中的油性液体上具有广泛的应用前景。Pumera 团队描述了 SDS/PSF 聚合物胶囊和油滴之间的长距离相互作用 (Zhao，Seah，and Pumera，2011)。该团队发现这种相互作用在引导和合并油滴上非常有效，从而有望应用于水表面的清理。

Orozco 等人 (2013) 开发了一种简单经济的基于纳米机器的水质监测方法。这种方法以人造生物催化微纳米马达在污染物中的驱动行为和寿命变化为基础，其原理类似于通过观察鱼的游动行为和生存率的变化来监测水体毒性。在该方法中，水体中的毒素可以诱导驱动微管引擎的过氧化氢酶失活。因此，如果微纳米马达周围的水体中存在污染物，马达生成气泡的速度就会迅速下降，并使微纳米马达的运动速度迅速降低，从而可以直接评估水的质量。这是一种直接通过光学追踪观察人造自驱动微纳米马达响应化学物质后运动行为的变化的方法。纳米马达的运动性能对许多种模型有机和无机污染物的浓度都十分敏感。

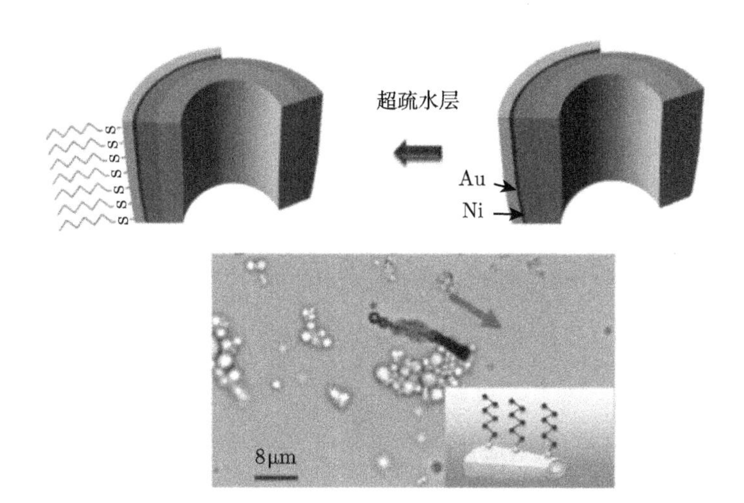

图 6.13 用于去除油滴的自组装微机器。上图：超疏水截面，用于油滴的捕获和运输的 SAM 包覆的超疏水 Au/Ni/PEDOT/Pt 微马达的截面图。下图：乙硫醇改性的微型马达运输多个油滴。这些微机器有望从污染水域中去除油滴并清理漏油 (经许可转载自 Guix et al., 2012)

参 考 文 献

Bachand, M., and Bachand, G.D. (2012) Effects of potential environmental interferents on kinesin-powered molecular shuttles. *Nanoscale*, **4**, 3706–3710.

Bachand, G.D., Hess, H., Ratna, B., Satird, P., and Vogel, V. (2009) "Smart dust" biosensors powered by biomolecular motors. *Lab Chip*, **9**, 1661–1666.

Bachand, G.D., Rivera, S.B., Carroll-Portillo, A., Hess, H., and Bachand, M. (2006) Active capture and transport of virus particles using a biomolecular motordriven, nanoscale antibody sandwich assay. *Small*, **2**, 381–385.

Balasubramanian, S., Kagan, D., Hu, C.M., Campuzano, S., Lobo-Castañon, M.J., Lim, N., Kang, D.Y., Zimmerman, M., Zhang, L., and Wang, J. (2011) Micromachine enables capture and isolation of cancer cells in complex media. *Angew. Chem. Int. Ed.*, **50**, 4161–4164.

Baraban, L., Makarov, D., Streubel, R., Monch, I., Grimm, D., Sanchez, S., and Schmidt, O.G. (2012a) Catalytic Janus motors on microfluidic chip: deterministic motion for targeted cargo delivery. *ACS Nano*, **6**, 3383–3389.

Baraban, L., Tasinkevych, M., Popescu, M.N., Sanchez, S., Dietrichbc, S., and Schmidt, O.G. (2012b) Transport of cargo by catalytic Janus micro-motors. *Soft Matter*, **8**,

48–52.

Burdick, J., Laocharoensuk, R., Wheat, P.M., Posner, J.D., and Wang, J. (2008) Synthetic nanomotors in microchannel networks: directional microchip motion and controlled manipulation of cargo. *J. Am. Chem. Soc.*, **130**, 8164–8165.

Campuzano, S., Kagan, D., Orozco, J., and Wang, J. (2011) Motion-based sensing and biosensing using electrochemically-propelled nanomotors. *Analyst*, **136**, 4621–4630.

Campuzano, S., Orozco, J., Kagan, D., Guix, M., Gao, W., Sattayasamitsathit, S., Claussen, J.C., Merkoçi, A., and Wang, J. (2012) Bacterial isolation by lectinmodified microengines. *Nano Lett.*, **11**, 2083–2087.

Fischer, T., Agarwal, A., and Hess, H. (2009) A smart dust biosensor powered by kinesin motors. *Nat. Nanotechnol.*, **4**, 162–166.

Gao, W., Kagan, D., Pak, O.S., Clawson, C., Campuzano, S., Chuluun-Erdene, E., Shipton, E., Fullerton, E., Zhang, L., Lauga, E., and Wang, J. (2012) Cargotowing fuel-free magnetic nanomotors for targeted drug delivery. *Small*, **8**, 460–467.

Garcia, M., Orozco, J., Guix, M., Gao, W., Sattayasamitsathit, S., Escarpa, A., Merkoci, A., and Wang, J. (2013) Micromotor-based lab-on-chip immunoassays. *Nanoscale*, **5**, 1325–1331.

Guix, M., Orozco, J., Garcia, M., Wei, G., Sattayasamitsathit, S., Merkoci, A., Escarpa, A., and Wang, J. (2012) Superhydrophobic alkanethiol-coated microsubmarines for effective removal of oil. *ACS Nano*, **6**, 4445–4451.

Hess, H. (2006) Self-assembly driven by molecular motors. *Soft Matter*, **2**, 669–677. Hess, H., Bachand, G.D., and Vogel, V. (2004) Powering nanodevices with biomolecular motors. *Chem. Eur. J.*, **10**, 2110–2116.

Hess, H., Clemmens, J., Brunner, C., Doot, R., Luna, S., Ernst, K.H., and Vogel, V. (2005) Molecular self-assembly of "nanowires" and "nanospools" using active transport. *Nano Lett.*, **5**, 629–633.

Hess, H., and Vogel, V. (2001) Molecular shuttles based on motor proteins: active transport in synthetic environments. *Rev. Mol. Biotechnol.*, **82**, 67–85.

Hirabayashi, M., Taira, S., Kobayashi, S., Konishi, K., Katoh, K., Hiratsuka, Y., Kodaka, M., Uyeda, T.Q.P., Yumoto, N., and Kubo, T. (2006) Malachite greenconjugated microtubules as mobile bioprobes selective for malachite green aptamers with capturing/releasing ability. *Biotechnol. Bioeng.*, **94**, 473–480.

Hiyama, S., Inoue, T., Shima, T., Moritani, Y., Suda, T., and Sutoh, K. (2008) Autonomous loading, transport, and unloading of specified cargoes by using DNA hybridization and biological motor-based motility. *Small*, **4**, 410–415.

Hiyama, S., Moritani, Y., Gojo, R., Takeuchi, S., and Sutoh, K. (2010) Biomolecularmotor-based autonomous delivery of lipid vesicles as nano- or microscale reactors on a chip. *Lab Chip*, **10**, 2741–2748.

Kagan, D., Calvo-Marzal, P., Balasubramanian, S., Sattayasamitsathit, S., Manesh, K., Flechsig, G., and Wang, J. (2010a) Chemical sensing based on catalytic nanomotors: motion-based detection of trace silver. *J. Am. Chem. Soc.*, **131**, 12082–12083.

Kagan, D., Campuzano, S., Balasubramanian, S., Kuralay, F., Flechsig, G., and Wang, J. (2011b) Functionalized micromachines for selective and rapid isolation of nucleic acid targets from complex samples. *Nano Lett.*, **11**, 2083–2087.

Kagan, D., Laocharoensuk, R., Zimmerman, M., Clawson, C., Balasubramanian, S., Kang, D., Bishop, D., Sattayasamitsathit, S., Zhang, L., and Wang, J. (2010c) Rapid delivery of drug carriers propelled and navigated by catalytic nanoshuttles. *Small*, **6**, 2741–2747.

Katira, P., and Hess, H. (2010) Two-stage capture employing active transport enables sensitive and fast biosensors. *Nano Lett.*, **10**, 567–572.

Kato, K., Goto, R., Katoh, K., and Shibakami, M. (2005) Microtubule-cyclodextrin conjugate: functionalization of motile filament with molecular inclusion ability. *Biosci. Biotechnol. Biochem.*, **69**, 646–648.

Kuralay, F., Sattayasamitsathit, S., Gao, W., Uygun, A., Katzenberg, A., and Wang, J. (2012) Self-propelled carbohydratesensitive microtransporters with "built-in" boronic-acid recognition for isolating sugars and cells. *J. Am. Chem. Soc.*, **134**, 15217–15220.

Lin, C.T., Kao, M.T., Kurabayashi, K., and Meyhofer, E. (2008) Self-contained biomolecular motor-driven protein sorting and concentrating in an ultrasensitive microfluidic chip. *Nano Lett.*, **8**, 1041–1046.

Manesh, K.M., Balasubramanian, S., and Wang, J. (2010) Nanomotor-based "writing" of surface microstructures. *Chem. Commun.*, **46**, 5704–5706.

Manesh, K.M., Campuzano, S., Gao, W., Lobo-Castañón, M.L., Shitanda, I., Kiantaj, K., and Wang, J. (2013) Nanomotor-based biocatalytic patterning of helical metal microstructures. *Nanoscale*, **5**, 1310–1314.

Nelson, B.J., Kaliakatsos, I.K., and Abbott, J.J. (2010) Microrobots for minimally invasive medicine. *Annu. Rev. Biomed. Eng.*, **12**, 55–85.

Nishiyama, N. (2007) Nanomedicine: nanocarriers shape up for long life. *Nat. Nanotech-*

nol., **2**, 203–204.

Orozco, J., Campuzano, S., Ming, Z., Kagan, D., Gao, W., and Wang, J. (2011) Dynamic isolation and unloading of target proteins by aptamer-modified microtransporters. *Anal. Chem.*, **83**, 7962–7969.

Orozco, J., Gao, W., Garcia, V., D'Agostino, M., Cortes, A., and Wang, J. (2013) Artificial enzyme-powered microfish for water-quality testing. *ACS Nano*, **7**, 818–824.

Peyer, K.E., Tottori, S., Qiu, F., Zhang, L., and Nelson, B.J. (2013) Magnetic helical micromachines. *Chem. Eur. J.*, **19**, 28–38.

Rios, L., and Bachand, G.D. (2009) Multiplex transport and detection of cytokines using kinesin-driven molecular shuttles. *Lab Chip*, **9**, 1005–1010.

Sanchez, S., Solovev, A.A., Harazim, S.M., and Schmidt, O.G. (2011) Microbots swimming in the flowing streams of microfluidic channels. *J. Am. Chem. Soc.*, **133**, 701–703.

Sanchez, S., Solovev, A.A., Schulze, S., and Schmidt, O.G. (2010) Controlled manipulation of multiple cells using catalytic microbots. *Chem. Commun.*, **47**, 698–700.

Schmidt, C., and Vogel, V. (2010) Molecular shuttles powered by motor proteins: loading and unloading stations for nanocargo integrated into one device. *Lab Chip*, **10**, 2195–2198.

Simmchen, J., Baeza, A., Ruiz, D., José Esplandiu, M., and Vallet-Regí, M. (2012) Asymmetric hybrid silica nanomotors for capture and cargo transport: towards a novel motion-based DNA sensor. *Small*, **8**, 2053–2059.

Solovev, A.A., Sanchez, S., Pumera, M., Mei, Y.F., and Schmidt, O.G. (2010) Magnetic control of tubular catalytic microbots for the transport, assembly, and delivery of micro-objects. *Adv. Funct. Mater.*, **20**, 2430–2435.

Sundararajan, S., Lammert, P.E., Zudans, A.W., Crespi, V.H., and Sen, A. (2008) Catalytic motors for transport of colloidal cargo. *Nano Lett.*, **8**, 1271–1276. Sundararajan, S., Sengupta, S., Ibele, M., and Sen, A. (2010) Drop-off of colloidal cargo transported by catalytic Pt–Au nanomotors via photochemical stimuli. *Small*, **6**, 1479–1482.

Taira, S., Du, Y.Z., Hiratsuka, Y., Konishi, K., Kubo, T., Uyeda, T.Q.P., Yumoto, N., and Kodaka, M. (2006) Selective detection and transport of fully matched DNA by DNA-loaded microtubule and kinesin motor protein. *Biotechnol. Bioeng.*, **3**, 533–538.

Tottori, S., Zhang, L., Qiu, F., Krawczyk, K.K., Franco-Obregón, A., and Nelson, B.J. (2012) Magnetic helical micromachines: fabrication, controlled swimming, and cargo transport. *Adv. Mater.*, **24**, 811–816.

van den Heuvel, M.G., and Dekker, C. (2007) Motor proteins at work for nanotechnology. *Science*, **317**, 333–336.

Wang, J. (2012) Cargo-towing synthetic nanomachines: towards active transport in microchip devices. *Lab Chip*, **12**, 1944–1950.

Wu, J., Kagan, D., Balasubramanian, S., Manesh, K., Campuzano, S., and Wang, J. (2010) Motion-based DNA detection using catalytic nanomotors. *Nat. Commun.*, **1**(4), 1–6.

Xi, W., Solovev, A.A., Ananth, A.N., Gracias, D., Sanchez, S., and Schmidt, O.G. (2013) Rolled-up magnetic microdrillers: towards remotely controlled minimally invasive surgery. *Nanoscale*, **5**, 1294–1297.

York, J., Spetzler, D., Xiong, F., and Frasch, W. (2008) Single-molecule detection of DNA *via* sequence-specific links between F_1-ATPase motors and gold nanorod sensors. *Lab Chip*, **8**, 415–419.

Zhang, L., Petit, T., Peyer, K.E., and Nelson, B.J. (2012) Targeted cargo delivery using a rotating nickel nanowire. *Nanomedicine*, **8**, 1074–1080.

Zhang, L., Peyer, K.E., and Nelson, B.J. (2010) Artificial bacterial flagella for micromanipulation. *Lab Chip*, **10**, 2203–2215.

Zhao, G.L., Seah, T.H., and Pumera, M. (2011) External-energy-independent polymer capsule motors and their cooperative behaviors. *Chem. Eur. J.*, **17**, 12020–12026.

第 7 章　结论和展望

7.1　发展现状和未来机遇

在前面的章节中，本书已经向各位读者介绍了各种类型微纳米马达设计和使用的最新进展，以及这些进展是如何用于不同的实际应用中的。自然界的生物马达和人造微纳米马达在基础科学研究和应用方面受到广泛关注，近年来涌现出了大量研究成果。天然马达的复杂和多样性为设计新的人工马达提供了许多机会。人造微机器一直是一个有吸引力的研究领域，而近年来的研究进展已经能够将传统的机器缩小到微纳米尺度，并为这些微小机器提供能量。通过长期的基础研究，这些巨大的挑战得以解决，并大大促进了我们对小尺寸马达驱动机理的理解。通过这些努力，我们开发出了拥有先进运动控制和新功能的人造微纳米马达，使其能够执行不同的任务。这些微纳米马达可以被分为两类，即化学驱动的马达和外部能量驱动的马达。随着科研的深入，新的马达设计不断被提出，新的驱动机理也不断被发现，我们对于这些微型机器的认识和理解也突飞猛进。

人造纳米马达的发展，连同关于人造纳米马达的能量、效率、运动控制、功能和多功能性方面的研究所取得的各类进展，使功能强大的自驱动和外部能量驱动的人造微纳米马达成为可能，并为其未来的各种重要应用打开了大门。这些小型人造马达有望广泛应用于生物医学、环境、安全和工业等领域，只要我们敢想，就有无穷无尽的可能。

微机器有望为许多科技带来革命性的改变。一些重要领域，如药物靶向运输、纳米手术、活检、纳米加工、纳米组装、环境检测和修复、细胞分选、微芯片分析和排序等，将大大受益于高效的纳米马达的发展，最终显著提升我们的生活质量。随着新功能的进一步发展，这些微小的纳米载体可以在真实环境中应用于治疗剂的递送、毒素清除以及执行复杂的生物和化学操作 (如检测、拾取、运输、投递等)。此外，多个纳米马达还能够互相沟通交流，并对它们周围环境的变化做出反应。因此，可以将这些纳米马达群体组织起来，以应对突发环境事件，例如从河流或湖泊中去除有毒化学物质。同样，负载不同药物的多个马达可以连续可控释放其所负载的治疗药物，从而应对心脏病等突发疾病。通过不断深化我们对这种相互作用和不同驱动机理的理解，并结合先进智能材料，必将进一步促进纳米马达的未来发展。

在不久的将来，对能做出决定和适应周边环境的更智能的马达的研究可能会越来越多。通过把新的通信、思维、成像和传感功能集成到微型马达系统中，可以实现其更好的自主性，也使其对外部刺激的依赖更小。例如，自驱动的环境适应型纳米马达能够感知周围环境、共享信息并自主决定是否释放治疗药物或者修复剂。而在未来的纳米马达中植入能够响应环境刺激而膨胀收缩的智能材料，将进一步提升纳米马达的自主性。

修饰有受体的纳米马达能够直接从原始生物样品中快速分离目标分析物，或者从污染区中快速分离污染物，而无需准备和清洗步骤。例如，马达能够对环境中的某些物质响应而改变其运动状态，从而探测并修复环境。受体修饰的马达在污染水域来回泳动还能够用于捕获和去除目标污染物。

对于纳米马达在不同领域和环境中的未来应用和复杂操作来说，其运动的精确控制和自动控制十分重要。通过在马达内嵌入多种功能，可以让其同时执行多个任务。纳米马达因此能够满足未来在生物医学、科技、环境和国防方面的广泛应用。纳米马达的生物医学应用将在本章单独讨论 (7.1.1 节)。

用于驱动纳米器件的先进纳米马达将在我们的未来生活中扮演类似于工业革命期间蒸汽机一样重要的角色。好像当今许多电器中都有马达一样，功能化和自驱动的微纳米马达将对未来微纳机器的发展起到重要作用。随着新功能的进一步开发，纳米马达将变得更加多功能和“聪明”，并可以自主执行更加多样化和更艰巨的任务，从而有望在许多重要领域做出重要贡献。

7.1.1 微纳米马达在医学领域的未来发展

关于治疗和诊断试剂的合理配送的研究是纳米医学的一个前沿领域。人造微纳米马达越来越先进，相关研究日新月异，因而在生物医学领域存在无限可能。这种微小的人造马达通过拍摄图像、移除活检样本和释放药物，可以在身体局部进行诊断和靶向治疗，因而有望为医疗的各个领域带来巨大的变革。随着纳米医学领域的不断发展，以及各种强大的纳米马达的问世，预期会对疾病诊断、治疗和预防领域产生深远影响，并因此改善疾病治疗效果。因此，现代医学的一个主要目标就是开发这种能够诊断、递送治疗药物，并监测疾病治疗进展的小尺度多功能纳米载具。

疾病靶向纳米马达能够将治疗和诊断药剂递送到人体中那些现有技术无法送达的部位。如果将那些能够响应肿瘤的微环境 (例如蛋白酶和酸性 pH) 而断裂的连接分子修饰在载药纳米马达上，就能够自主和精确的将药物或者放射性种子释放并递送到肿瘤的位置。这种将药物直接运输到病变区的方法将大大提高治疗效果，同时减小副作用。此外，还可以利用一大群的微型机器人来改善药物的传输和配送。例如，许多纳米马达可以涌向肿瘤或受伤部位，然后分别检测、成像、诊断，并激活相应的治疗机制。大量马达的这种协作行为对于递送较大的治疗载物或者联合治疗十分有帮助。微型机器还可以在体内执行去除任务，例如提取组织样品并将其从体内取出，用于单细胞活检，或者清理堵塞的血管，以及组织修复等。如果纳米马达能够响应溶液中的化学信号并自主运动，会对其在体内的运动导向十分有益。或者，纳米机器人在进入身体后可以由外科医生远程控制，通过信号与现场的外科医生沟通，以精确和微创的方式进行各种诊断和治疗以及不同的纳米操作，从而实现纳米手术和《神奇旅程》中刻画的种种美好愿景。另外，各种新的基于马达的体外生物监测和生物芯片 (见 6.2 节) 也有望显著改善医疗诊断。

目前，人造纳米马达还主要处于初始的概念论证阶段。下一步要进行体外和体内的生物医学研究，从而进一步评估纳米马达的应用潜力。特别是磁驱动或超声驱动的这种无需燃料的微型马达，对于体内的生物医学应用十分有吸引力。磁和超声驱动的马达的生物医学应用已有综述 (Nelson, Kaliakatsos, and Abbott, 2010; Peyer, Zhang,and Nelson,2013; Wang and Gao,2012)。微型马达的生物医学应用需要马达材料具备生物相容性和生物可降解性。在某些应用中，可能需要对马达进行包覆或者表面修饰，而其他应用可能需要整个马达由生物相容性材料或者可生物降解的材料制备。这一令人兴奋的研究领域有望在医学的各个方面做出重要贡献，包括显微手术、用于活检的材料去除、药物靶向运输等。这些进展将最终在疾病诊断和治疗中发挥关键作用，使病人更快康复，并改善医疗的许多领域。因此，纳米马达可能会为疾病治疗带来革命性的变化。

7.2　未来的挑战

在过去的二十年中，在微纳米尺度上操控物体一直是科学和工程领域的一个重要目标。尽管科学技术飞速进步，但在开发能够在功能性和复杂性上媲美生物马达的纳米马达方面仍然存在着巨大的挑战。这些挑战包括：长时间快速且重复运动、沿指定复杂路线精确定向的运动、自主运作、更完善的功能、模仿自然界中的马达间的直接互动和交流、在纳米马达上集成功能齐全的分子马达、通过新的富能燃料驱动更小的催化马达、具有良好生物相容性和/或生物降解性，以及在特定目的地运输和释放货物等。

纳米马达未来的发展需要我们对各种复杂环境中小尺寸马达的基本运动原理有更好的理解，无论是独自运动，还是受限环境中，或者是马达群体的环境，并推导和验证它们的动力学计算模型。而体内环境中悬浮颗粒和软变形表面十分常见，因此，为将纳米马达应用于体内环境，我们需要更好地理解它们对于马达驱动行为的影响。此外，需要开发新的方法，来控制纳米器件在人体动态环境中的方向性，并使其能够自主装载及控释载物，这对纳米马达的未来应用十分重要。开发能够促进加载和控释治疗剂的智能表面对于后者十分有帮助。对于人造纳米马达 (特别是化学驱动的马达) 在体内靶向给药的应用来说，供能、生物相容性、定位和功能化仍然是亟待解决的关键问题。这其中，通过周边环境 (如水) 或者环境中的某些组分 (如葡萄糖) 来为催化纳米马达提供能量是一个重要的研究目标。对基于其他驱动机理的微机械和微机器人来说，急需改进其储存、获取和传输能量的方法。例如，虽然磁场是无线驱动和控制微型机器人的一种很好的方法，但磁场的强度随着与磁场源的距离增大而迅速减小。此外，在人体内跟踪微型机器人需要我们改进其定位方法。最后，如何将灵活性、供能、通信、传感、自我“思考”、决策、反馈控制和自主变形等功能集成在一个紧凑的微纳米系统上，是一个巨大的工程问题。

为了应对这些挑战，梅永丰、Schmidt 和他们的同事 (Mei et al., 2011) 提出了一种如图 7.1 所示的高集成微纳米系统。该系统由催化动力引擎、集成电路 (IC) 控制器、一个用于驱动 IC 的电池、一个通信电线、一个检测周围环境的传感器，以及其他用于完成特定任务的组件来组成。其他类似的高度集成的系统也可以通过外部供能的非催化型微马达来实现。

而对于分子机器来说，其发展依然存在一些重要挑战，包括在较长时间内快速重复运动、沿着特定路线的定向运动、货物递送，以及如何将功能分子马达整合到纳米马达和纳米器件中等等。

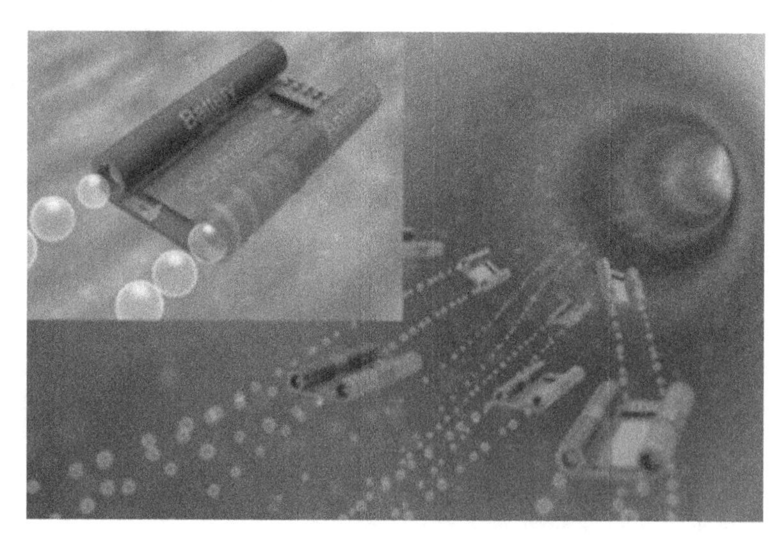

图 7.1　智能催化管状微马达的设计概念图。左上角插图中标注了实现各种功能的组件名称。该智能系统的主要部件为左右两边两个微管，左面的微管负责驱动，右边的除了可以驱动，也是接受外界信号的天线。集成电路安装在两个微管中间。系统的前端有一个感应器，还有一个用于药物释放的组件 (用小圆点来表示)(经许可转载自 Mei et al., 2011.)

7.3　总　　结

在过去的十年中，微纳米马达引起了极大的关注，其发展不断推进着小型马达的极限。人们对于微纳米驱动的巨大兴趣主要是源于其在许多革命性应用中的潜力。尽管微马达和微机器领域的研究还处于早期阶段，科学家们也还在研究它们设计和操作的基本原理，但相关科学和技术的巨大进步已经产生了实质性的进展和显著的成果。虽然进步不小，科研人员也付出了巨大的努力，自然界的纳米马达在小尺度运动方面仍然遥遥领先于人工合成的纳米马达。因此，为了进一步提升纳米马达的运动效率，急需对马达运动的确切机理和最优化设计进行深入研究。先进材料和微纳米加工能力有望将马达的优化设计转化为强大且实用的纳米机器。随着未来纳米马达变得更加多功能化、自主化和复杂化，它们有望执行一系列复杂操作和多样化的任务，并对环境变化作出响应。随着科学技术不断突破，以及纳米马达在实际应用中的能力不断增强，这个激动人心的领域有望继续快速成长。

目前，人们对纳米马达这一前沿研究领域表现出巨大兴趣，奇思妙想也如雨后春笋般不断涌现，这清晰的表明在可预见的未来，纳米马达领域会继续快速发展。

微纳米马达领域的未来研究，预计将带来强大的纳米机器，能够执行超出我们目前能力的重要和复杂的任务。在不远的未来，目前的纳米机器将快速演变为复杂的纳米器件。因此，纳米马达将毫无疑问继续成为纳米科学领域最具吸引力的方向之一。微机器这一激动人心的研究领域有望对各个领域做出重要贡献，包括生物医学和制药、环境、国防、工业和分析领域，从而改善我们的整体生活质量。特别是，这种机器有望执行医疗诊断和治疗，从而对医学产生重大影响。和许多其他的基础研发项目一样，在目前这个阶段我们还不完全清楚人造纳米马达将以什么方式最终改变技术以及我们的生活。然而，鉴于纳米马达所取得的惊人成就和目前所具备的能力，我们似乎正处于一次激动人心的“神奇旅程”的起点。

未来微马达的发展不可限量。

参 考 文 献

Browne, W.R., and Feringa, B.L. (2006) Making molecular machines work. *Nat. Nanotechnol.*, **1**, 25–35.

Mei, Y., Solovev, A.A., Sanchez, S., and Schmidt, O.G. (2011) Rolled-up nanotech on polymers: from basic perception to self-propelled catalytic microengines. *Chem. Soc. Rev.*, **40**, 2109–2119.

Nelson, B.J., Kaliakatsos, I.K., and Abbott, J.J. (2010) Microrobots for minimally invasive medicine. *Annu. Rev. Biomed.Eng.*, **12**, 55–85.

Peyer, K.E., Zhang, L., and Nelson, B.J. (2013) Bio-inspired magnetic swimming microrobots for biomedical applications. *Nanoscale*, **5**, 1259–1272.

Wang, J., and Gao, W. (2012) Nano/microscale motors: biomedical opportunities and challenges. *ACS Nano*, **6**, 5745–5751.

词　汇　表

a

Artificial flagella(人造鞭毛)

Artificial microcale swimmers that uses helical propulsion, and consists of a helical "tail" and a thin and a magnetic "head."

使用螺旋推进的人造微型泳动器，由一个螺旋形"尾巴"与一个纤细的磁形"头部"组成。

Autonomous(自主性)

Self-contained, independent, and not requiring human interference or other external involvement or control.

自给自足的，独立的，不需要人为干扰或其他外部参与或控制。

b

Biocatalytic propulsion(生物催化推进)

Movement of microbjects that is powered by enzymes.

由酶驱动的微型物体的运动。

Biomotor(生物马达)

A biological molecule capable of converting energy into motion and perform a function.

能够将能量转换为运动并执行功能的生物分子。

Bipolar electrochemistry(双极电化学)

The polarization of a conducting object in an external electric field.

导电物体在外部电场中的极化。

Brownian motion(布朗运动)

Random movement of microscopic particles suspended in a liquid, caused by thermally driven collisions with molecules of the surrounding medium.

悬浮在液体中的微观颗粒的随机运动，这种运动由颗粒与周围介质中分子的热运动碰撞引起。

Bubble propulsion(气泡推动)

A continuous thrust of gas bubbles generated by the catalytic decomposition of a fuel.

由燃料催化分解生成的气泡产生的连续推力。

c

Catalytic Janus particles (催化双面神颗粒)

Spherical particle with an asymmetric distribution of a catalyst on its surface.

在表面上具有不对称分布催化剂的球形颗粒。

Catalytic nanowire motors(催化纳米线马达)

Bisegment nanowires propelled by catalytic chemical reaction of a fuel.

由燃料的催化反应驱动的双节纳米线。

Catenane(索烃)

A molecular machine consisting of two (or more) interlocked macrocyclic rings that are not linked covalently.

由两个 (或多个) 互锁的大环组成的分子机器，它们之间不是由共价键连接的。

Chemically powered nanomotors (化学驱动的纳米马达)

Nanoscale machines that use localized catalytic decomposition of a dissolved fuel to generate propulsion.

使用燃料的局部催化分解来产生推进力的纳米级机器。

Chemotaxis(趋化性)

Movement along a concentration gradient, toward or away from the source of a chemical gradient.

沿浓度梯度朝向或远离化学梯度源的移动。

Cilia(纤毛)

Hair-like surface filaments that help the paramecium move by moving back and forth.

毛状表面细丝，通过来回移动帮助草履虫移动。

Collective behavior(群体行为)

Formation of spatial and/or temporal assemblies.

在空间和/或时间上形成聚集体。

d

Diffusiophoresis(扩散泳)

Motion of particles that arises from an electrolyte gradient.

由电解质浓度梯度引起的颗粒运动。(译注：这样解释并不完全准确。扩散泳包括由电解质浓度梯度产生的离子型扩散泳，即 ionic diffusiophoresis，和非电解质浓度梯度产生的非离子型扩散泳，即 non-ionic diffusiophoresis。细节请查阅相关文献)

Directed drug delivery(导向药物运输)

Delivery of therapeutic agents directly to disease areas.

将治疗剂直接输送至患病区域。

DNA hybridization(DNA 杂化)

The process of forming a double stranded nucleic acid from joining two complementary strands of DNA (or RNA).

通过连接两条互补的 DNA 链 (或 RNA) 形成双链核酸的过程。

DNA nanomachines(DNA 纳米机器)

Nucleic acid structures that perform mechanical operations.

能进行机械操作的核酸结构。

DNA tweezer(DNA 镊子)

A nanoscale device consisting of two rigid oligonucleotide strands connected with a flexible hinge between them, that can be opened or closed by an external input.

由两个刚性寡核苷酸链组成的纳米级装置，它们之间用柔性铰链连接，可通过外部输入来打开或关闭。

DNA walkers(DNA 步行者)

A class of nucleic acid nanomachines that exhibit directional motion along a linear track.

一类沿线性轨道进行定向运动的核酸纳米机器。

Drag(曳力)

Forces that act on a solid object oppositve to the direction of its movement.

作用于固体物体并与其运动方向相反的的力。

e

Enzyme(酶)

A protein that catalyzes (accelerates) chemical reactions of other substances without itself being destroyed.

一种能催化 (加速) 其他物质的化学反应而自身不会被破坏的蛋白质。

f

Flagella(鞭毛)

Whiplike filaments extending from certain cells and used for their locomotion.

从特定细胞延伸出来的鞭状细丝，用于驱动细胞的运动。

Force(力)

Any influence that causes a free body to undergo an acceleration.

任何导致自由物体加速的作用。

h

Helical magnetic swimmer(螺旋型磁性游体)

A device that transforms a rotation around its helical axis into a translation along the helical axis.

一种将绕其螺旋轴的旋转运动转换为沿螺旋轴的平移运动的装置。

Hybrid nanomotor(混合纳米马达)

Nanoscale motors that are powered by multiple sources.

被多种源驱动的纳米尺度马达。

j

Janus particles(双面神颗粒)

Particles consisting of two hemispheres with differing materials and surface chemistries on opposite sides.

由两个半球组成的颗粒，两侧具有不同的材料和表面化学成分。

l

Lab-on-a-chip(芯片实验室)

A microchip device that integrates several laboratory functions.

集成了不同实验室功能的微芯片装置。

Locomotion(运动)

Movement from place to place.

从一处移动到另一处。

m

Marangoni effect(马兰格尼效应)

Movement of objects due to a surface tension gradient.

由于表面张力梯度导致的物体运动。

Microtube engine(微管引擎)

Tubular-shaped motor consisting of an internal catalytic or biocatalytic layer.

由一个内部催化层或者生物催化层组成的管状马达。

Microtubules(微管)

Cytoskeletal filaments that serve as tracks for kinesin and dynein protein motors.

细胞骨架细丝，是驱动蛋白和动力蛋白马达的轨道。

Molecular machine(分子机器)

An assembly of a distinct number of molecular components designed to perform specific mechanical movement in response to an appropriate external stimulus.

由不同数量的分子组件组成的集合，被设计来响应适当的外部刺激并进行特定的机械运动。

Motor(马达)

A device that cyclically converts various energy forms (e.g., chemical or electrical energy) into mechanical work.

一种将各种形式的能量 (例如化学或电能) 循环转换成机械功的装置。

Molecular rotor(分子转子)

A molecular system in which a molecule or part of a molecule rotates against another part of the molecule or against a macroscopic entity.
一种分子系统，其中分子或分子的一部分相对于分子的另一部分或相对于宏观实体旋转。

Molecular shuttle(分子梭)
A molecular machine capable of shuttling molecules or ions from one location to another.
能够将分子或离子从一个位置输送到另一个位置的分子机器。

n

Nanocars(纳米汽车)
Molecular machines that resemble conventional cars by bearing a chassis, axles, and spherical wheels.
一种类似于传统汽车分子机器的，包含底盘、车轴和球形轮。

Nanodriller(纳米钻头)
A sharp micromachine structure displaying a screw-like motion with potential use as microtool.
一种螺旋运动的锋利微机械，具有用作微型工具的潜力。

Nanomachine(纳米机器)
A nanoscale object designed to perform a function through the mechanical movement of its component.
通过其组件的机械运动来执行功能的纳米尺度物体。

Newton's second law(牛顿第二定律)
$F = ma$; an object with a constant mass will accelerate in proportion to the net force.
$F = ma$; 具有恒定质量的物体加速度与外力成正比。

Nanomedicine(纳米医疗)
Medical applications of nanotechnology.
纳米技术的医疗应用。

Nanometer(纳米)

A 1 billionth of a meter.
十亿分之一米。

Nanomotor(纳米马达)

Nanoscale device capable of converting energy into movement and forces.
能将能量转换为运动和力的纳米尺度装置。

Nanowire(纳米线)

A one-dimensional nanostructure having a lateral size constrained to tens of nanometers (or less) and an unconstrained longitudinal size.
一维纳米结构，其横向尺寸为数十纳米 (或更小)，而纵向尺寸不受限制。

Nanotechnology(纳米技术)

The branch of technology that deals with dimensions in the length scale of approximately 1–100 nm range.
对象尺寸在大约 1-100 纳米范围内的一类技术。

p

Phoretic movement mechanism(泳动机制)

Motion of particle in a fluid with a gradient of some field.
颗粒在具有某种梯度场的流体中的运动

Processivity(持续合成能力)

The ability of a biomotor to bind to a filament "track" and take successive steps before detaching.
生物马达结合细丝 "轨道" 并在分离之前连续前进的能力。(译注：本词原意为酶不与底物脱离连续催化多个反应的能力)

Propulsion(动力)

A force causing movement of an object across a medium.
使物体穿过介质移动的力

r

Reynolds number(雷诺数)

Ratio of the momentum to viscosity.

惯性力与黏滞力的比例

Reciprocal motion(往复运动)

Movement based on deformation with time-reversal symmetry.

基于时间可逆对称性变形的运动。

Robot(机器人)

A machine capable of performing automatically a series of tasks.

能自动完成一系列任务的机器

Rotaxane(轮烷)

A molecular machine consisting of one or more macrocycles encircling the rod portion of a dumbbell-like component.

一种分子机器，由一个或多个大环围绕一个哑铃状组件的杆部分组成。

s

Self-assembly(自组装)

Spontaneous organization of disordered components to form defined structures of patterns.

无序组件自发组织形成特定的模式结构。

Self-diffusiophoresis(自扩散泳)

Movement due to self-generation of reaction products with asymmetric distribution.

由于自身反应产物的不对称分布而产生的运动。

Speed(速度)

Distance covered per unit of time.

单位时间运动的距离

Swarming(集群)

Collective behavior exhibited by animals or artificial objects of similar size that are organized and move in large numbers in a synchronized fashion.

动物或大小相近的人造物体在数量众多时所展现的群体行为，表现为以同步的方式进行组织和移动。(译注：本词本用于描述蜜蜂、蚂蚁等昆虫的群体行为)

Swimmer(游体)

Type of microrobot moving in a fluidic environment.

在流体环境中运功的一种微机器人。(译注：这里是狭义的指人造的微游体。广义的游体当然还包括如鱼、昆虫、微生物等)

t

Targeted drug delivery(靶向药物运输)

Delivering a drug to a specific site in the body where it has the greatest effect.

将药物运向特定位点使其具有最大效用。

Taxis(趋向)

Movement directed by a gradient in the local environment.

由局部环境中的梯度引导的运动。

Template electrodeposition(模板电沉积)

Synthesis of nanostructures with controlled shape and size guided by a template.

通过模板引导进行特定形状和尺寸的纳米结构的可控合成

Torque(扭矩)

Tendency of a force to rotate an object about an axis.

力使物体绕轴旋转的趋势。

u

Ultrasound(超声)

An acoustic (sound) energy in the form of waves having a frequency above the human hearing range.

一种具有波形且高于人类听觉范围频率 (译注：20 到 20000 赫兹) 的声能。

附录　部分代表性综述*

0. 特刊

1) 《科学通报》、《中国科学–化学》两份期刊 2017 年初各出版了一期中文综述特刊，从各个角度介绍了微纳米机器领域的研究进展：http://www.cnki.com.cn/Journal/A-A1-KXTB-2017-Z1.htm 及 http://www.cnki.com.cn/Journal/B-B1-JBXK.htm

2) 2017 年和 2018 年，MDPI 出版的 Micromachines 期刊分别出版了主题为" Selected Papers from 2017 International Conference on Micro/Nanomachines" 和 "Micro/Nanomotors 2018" 的两期特刊，2017 年特刊链接为 https://www.mdpi.com/journal/micromachines/special_issues/ICMNM，2018 年特刊截止本书完稿时仍在投稿阶段， 链接为 https://www.mdpi.com/journal/micromachines/special_issues/Micro_Nanomotors_2018。

3) 2018 年，Wiley 出版的《先进功能材料》(Advanced Functional Materials) 出版了主题为 "Micro- and Nanomachines on the Move" 的微纳米马达特刊：https://onlinelibrary.wiley.com/toc/16163028/2018/28/25。

4) 2018 年，ACS 出版的 Accounts of Chemical Research 期刊出版了主题为 "Fundamental Aspects of Self-Powered Nano- and Micromotors"的特刊，链接为：https://pubs.acs.org/page/achre4/self-powered-nano-micromotors.html。

1. 综述中的综述

这些综述内容宽泛，无法细分为以下任一个类别，适合新手入门，以在短时间内了解整个领域的基本情况：

* 该附录收集了 2013 年至本书完稿时 (2018 年 10 月)Micromachine 领域的部分代表性综述。因为本人眼界和学识有限，以下列表想必不是这段时期内相关综述的全部。对所遗漏论文的作者，我深表歉意。—— 译者注

1) 从微纳机器人的角度的综述：

- Hu, C.; Pané, S.; Nelson, B. J. Soft micro- and nanorobotics. *Annual Review of Control, Robotics, and Autonomous Systems* **2018**, 1 (1), 53–75.
- Medina-Sánchez, M.; Magdanz, V.; Guix, M.; Fomin, V. M.; Schmidt, O. G., Swimming microrobots: soft, reconfigurable, and smart. *Advanced Functional Materials* **2018,** 28 (25), 1707228.
- Ceylan, H.; Giltinan, J.; Kozielski, K.; Sitti, M., Mobile microrobots for bio-engineering applications. *Lab on a Chip* **2017,** 17 (10), 1705-1724.
- Li, J.; Esteban-Fernández de Ávila, B.; Gao, W.; Zhang, L.; Wang, J., Micro/nanorobots for biomedicine: delivery, surgery, sensing, and detoxification. *Science Robotics* **2017,** 2 (4).
- Congjian, T.; Jun, L.; Xuebo, C.; Huang, T., Micro/nano-robotics in biomedical applications and its progresses, *Chinese Automation Congress (CAC)* **2015,** IEEE, 2015: 376-380.
- JianFeng; Cho, S., Mini and micro propulsion for medical swimmers. *Micromachines* **2014,** 5 (1), 97-113.
- Nelson, B. J.; Kaliakatsos, I. K.; Abbott, J. J., Microrobots for minimally invasive medicine. *Annual Review of Biomedical Engineering* **2010,** 12 (1), 55-85.

2) 从微纳米马达的角度：

- Katuri, J.; Ma, X.; Stanton, M. M.; Sánchez, S., Designing micro- and nanoswimmers for specific applications. *Accounts of Chemical Research* **2017,** 50 (1), 2-11.
- Wong, F.; Dey, K. K.; Sen, A., Synthetic micro/nanomotors and pumps: fabrication and applications. *Annual Review of Materials Research* **2016,** 46, 407-432.
- Kim, K.; Guo, J.; Liang, Z.; Zhu, F.; Fan, D., Man-made rotary nanomotors: a review of recent developments. *Nanoscale* **2016,** 8 (20), 10471-10490.
- Ebbens, S., Active colloids: Progress and challenges towards realising autonomous applications. *Current Opinion in Colloid & Interface Science* **2016,**

21, 14-23.

- Kim, K.; Guo, J.; Xu, X.; Fan, D., Recent progress on man-made inorganic nanomachines. *Small* **2015,** 11 (33), 4037-4057.
- Yadav, V.; Duan, W.; Butler, P. J.; Sen, A., Anatomy of nanoscale propulsion. *Annual Review of Biophysics* **2015,** 44, 77-100.
- Colberg, P. H.; Reigh, S. Y.; Robertson, B.; Kapral, R., Chemistry in motion: tiny synthetic motors. *Accounts of Chemical Research* **2014,** 47 (12), 3504-3511.
- Nain, S.; Sharma, N., Propulsion of an artificial nanoswimmer: A comprehensive review. *Frontiers in Life Science* **2015,** 8 (1), 2-17.
- Pan, Q.; He, Y., Recent advances in self-propelled particles. *Science China Chemistry* **2017,** 60 (10), 1293-1304.

2. 微纳米马达的应用

1) 生物医药领域的应用：

- Medina-Sánchez, M.; Xu, H.; Schmidt, O. G., Micro-and nano-motors: the new generation of drug carriers. *Therapeutic Delivery* **2018,** 9 (4), 303-316.
- Safdar, M.; Khan, S. U.; Jänis, J., Progress toward catalytic micro-and nanomotors for biomedical and environmental applications. *Advanced Materials* **2018**, 1703660.
- Kim, K.; Guo, J.; Liang, Z.; Fan, D., Artificial micro/nanomachines for bioapplications: biochemical delivery and diagnostic sensing. *Advanced Functional Materials* **2018**, 1705867.
- Esteban-Fernández de Ávila, B.; Angsantikul, P.; Li, J.; Gao, W.; Zhang, L.; Wang, J., Micromotors go in vivo: from test tubes to live animals. *Advanced Functional Materials* **2018,** 28 (25), 1705640.
- Campuzano, S.; de Ávila, B. E.-F.; Yáñez-Sedeño, P.; Pingarrón, J.; Wang, J., Nano/microvehicles for efficient delivery and (bio) sensing at the cellular level. *Chemical Science* **2017,** 8 (10), 6750-6763.
- Peng, F.; Tu, Y.; Wilson, D. A., Micro/nanomotors towards in vivo appli-

cation: cell, tissue and biofluid. *Chemical Society Reviews* **2017,** 46 (17), 5289-5310

- Chalpniak, A.; Morales-Narváez, E.; Merkoçi, A., Micro and nanomotors in diagnostics. *Advanced Drug Delivery Reviews* **2015,** 95, 104-116.
- Guix, M.; Mayorga-Martinez, C. C.; Merkoçi, A., Nano/micromotors in (bio) chemical science applications. *Chemical Reviews* **2014,** 114 (12), 6285-6322.
- Gao, W.; Wang, J., Synthetic micro/nanomotors in drug delivery. *Nanoscale* **2014,** 6 (18), 10486-10494.
- Abdelmohsen, L. K.; Peng, F.; Tu, Y.; Wilson, D. A., Micro-and nano-motors for biomedical applications. *Journal of Materials Chemistry B* **2014,** 2 (17), 2395-2408.
- Gao, C.; Lin, Z.; Lin, X.; He, Q., Cell Membrane–camouflaged colloid motors for biomedical applications. *Advanced Therapeutics*, **2018,** 1 (5), 1800056.

2) 环境监测与治理：

- Eskandarloo, H.; Kierulf, A.; Abbaspourrad, A., Nano-and micromotors for cleaning polluted waters: Focused review on pollutant removal mechanisms. *Nanoscale* **2017,** 9 (37), 13850-13863.
- Gao, W.; Wang, J., The environmental impact of micro/nanomachines: a review. *ACS Nano* **2014,** 8 (4), 3170-3180.
- Soler, L.; Sánchez, S., Catalytic nanomotors for environmental monitoring and water remediation. *Nanoscale* **2014,** 6 (13), 7175-7182.
- Jurado-Sánchez, B.; Wang, J., Micromotors for environmental applications: a review. *Environmental Science: Nano* **2018,** 5 (7), 1530-1544.
- Zarei, M.; Zarei, M., Self-propelled micro/nanomotors for sensing and environmental remediation. *Small* **2018**, 1800912.
- Parmar, J.; Vilela, D.; Villa, K.; Wang, J.; Sánchez, S., Micro-and nanomotors as active environmental microcleaners and sensors. *Journal of the American Chemical Society* **2018,** 140 (30), 9317-9331.

3) 军事、国防应用：

- Singh, V. V.; Wang, J., Nano/micromotors for security/defense applications.

A review. *Nanoscale* **2015,** 7 (46), 19377-19389.

4) 微纳米组装：

- Mallory, S. A.; Valeriani, C.; Cacciuto, A., An active approach to colloidal self-assembly. *Annual Review of Physical Chemistry* **2018,** 69, 59-79.

3. 按照驱动方式分类

1) 自泳型：

- Aubret, A.; Ramananarivo, S.; Palacci, J., Eppur si muove, and yet it moves: patchy (phoretic) swimmers. *Current Opinion in Colloid & Interface Science* **2017,** 30, 81-89.
- Illien, P.; Golestanian, R.; Sen, A., 'Fuelled'motion: phoretic motility and collective behaviour of active colloids. *Chemical Society Reviews* **2017,** 46 (18), 5508-5518.
- Moran, J. L.; Posner, J. D., Phoretic self-propulsion. *Annual Review of Fluid Mechanics* **2017,** 49, 511-540.
- Lin, X.; Si, T.; Wu, Z.; He, Q., Self-thermophoretic motion of controlled assembled micro-/nanomotors. *Physical Chemistry Chemical Physics* **2017,** 19 (35), 23606-23613.

2) 化学驱动：

- Dey, K. K.; Sen, A., Chemically propelled molecules and machines. *Journal of the American Chemical Society* **2017,** 139 (23), 7666-7676.
- Dey, K. K.; Wong, F.; Altemose, A.; Sen, A., Catalytic motors—quo vadimus? *Current Opinion in Colloid & Interface Science* **2016,** 21, 4-13.
- Sánchez, S.; Soler, L.; Katuri, J., Chemically powered micro-and nanomotors. *Angewandte Chemie International Edition* **2015,** 54 (5), 1414-1444.
- Moo, J. G. S.; Pumera, M., Chemical energy powered nano/micro/macromotors and the environment. *Chemistry–A European Journal* **2015,** 21 (1), 58-72.
- Yamamoto, D.; Shioi, A., Self-propelled nano/micromotors with a chemical reaction: underlying physics and strategies of motion control. *KONA Powder*

and Particle Journal **2015,** 32, 2-22.

- Esplandiu, M. J.; Zhang, K.; Fraxedas, J.; Sepulveda, B.; Reguera, D., Unraveling the operational mechanisms of chemically propelled motors with micropumps. *Accounts of Chemical Research* **2018,** DOI: 10.1021/acs.accounts.8b00241
- Robertson, B.; Huang, M.-J.; Chen, J.-X.; Kapral, R., Synthetic nanomotors: working together through chemistry. *Accounts of Chemical Research* **2018,** DOI: 10.1021/acs.accounts.8b00239

3) 酶驱动：

- Ma, X.; Hortelão, A. C.; Patiño, T.; Sánchez, S., Enzyme catalysis to power micro/nanomachines. *ACS Nano* **2016,** 10 (10), 9111-9122.
- Gáspár, S., Enzymatically induced motion at nano-and micro-scales. *Nanoscale* **2014,** 6 (14), 7757-7763.
- Zhao, X.; Gentile, K.; Mohajerani, F.; Sen, A., Powering motion with enzymes. *Accounts of Chemical Research* **2018**, DOI: 10.1021/acs.accounts.8b00286.
- Tania Patiño, Xavier Arqué, Rafael Mestre, Lucas Palacios, and Samuel Sánchez, Fundamental aspects of enzyme-powered micro- and nanoswimmers. *Acc. Chem. Res.* **2018**, 51(11), 2662–2671.

4) 马兰戈尼 (Marangoni) 效应驱动：

- Maass, C. C.; Krüger, C.; Herminghaus, S.; Bahr, C., Swimming droplets. *Annual Review of Condensed Matter Physics* **2016,** 7, 171-193.

5) 外场驱动 (往往已经涵盖了声光电热磁等)：

- Han, K.; Shields Iv, C. W.; Velev, O. D., Engineering of self-propelling microbots and microdevices powered by magnetic and electric fields. *Advanced Functional Materials* **2018,** 28 (25), 1705953.
- Shields, C. W.; Velev, O. D., The evolution of active particles: toward externally powered self-propelling and self-reconfiguring particle systems. *Chem* **2017,** 3 (4), 539-559.
- Xu, T.; Gao, W.; Xu, L. P.; Zhang, X.; Wang, S., Fuel-free synthetic micro-/nanomachines. *Advanced Materials* **2017,** 29 (9), 1603250.

• Chen, X. Z.; Jang, B.; Ahmed, D.; Hu, C.; De Marco, C.; Hoop, M.; Mushtaq, F.; Nelson, B. J.; Pané, S., Small-scale machines driven by external power sources. *Advanced Materials* **2018,** 30 (15), 1705061.

6) 光驱动:

• Zhang, J.; Guo, J.; Mou, F.; Guan, J., Light-controlled swarming and assembly of colloidal particles. *Micromachines* **2018,** 9 (2), 88.

• Chen, H.; Zhao, Q.; Du, X., Light-powered micro/nanomotors. *Micromachines* **2018,** 9 (2), 41.

• Xu, L.; Mou, F.; Gong, H.; Luo, M.; Guan, J., Light-driven micro/nanomotors: from fundamentals to applications. *Chemical Society Reviews* **2017,** 46 (22), 6905-6926.

• Dong, R.; Cai, Y.; Yang, Y.; Gao, W.; Ren, B., Photocatalytic micro/nanomotors: from construction to applications. *Accounts of Chemical Research* **2018,** 51 (9), 1940-1947.

• Wang, J.; Xiong, Z.; Zheng, J.; Zhan, X.; Tang, J., Light-driven micro/nanomotor for promising biomedical tools: principle, challenge, and prospect. *Accounts of Chemical Research* **2018,** 51 (9), 1957-1965.

7) 超声驱动:

• Xu, T.; Xu, L.-P.; Zhang, X., Ultrasound propulsion of micro-/nanomotors. *Applied Materials Today* **2017,** 9, 493-503

• Ren, L.; Wang, W.; Mallouk, T. E., Two forces are better than one: combining chemical and acoustic propulsion for enhanced micromotor functionality. *Accounts of Chemical Research* **2018,** 51 (9), 1948-1956.

8) 磁驱:

• Chen, X.-Z.; Hoop, M.; Mushtaq, F.; Siringil, E.; Hu, C.; Nelson, B. J.; Pané, S., Recent developments in magnetically driven micro- and nanorobots. *Applied Materials Today* **2017,** 9, 37-48.

• Peyer, K. E.; Tottori, S.; Qiu, F.; Zhang, L.; Nelson, B. J., Magnetic helical micromachines. *Chemistry – A European Journal* **2013,** 19 (1), 28-38.

• Peyer, K. E.; Zhang, L.; Nelson, B. J., Bio-inspired magnetic swimming microrobots for biomedical applications. *Nanoscale* **2013,** 5 (4), 1259-1272.

- Pranay Mandal, Gouri Patil, Hreedish Kakoty, and Ambarish Ghosh, Magnetic active matter based on helical propulsion. *Acc. Chem, Res.* **2018**, 51(11), 2689–2698.

9) 电场驱动：

- Bouffier, L.; Ravaine, V.; Sojic, N.; Kuhn, A., Electric fields for generating unconventional motion of small objects. *Current Opinion in Colloid & Interface Science* **2016,** 21, 57-64.

4. 特定种类的马达

1) 纳米马达：

- Santiago, I., Nanoscale active matter matters: Challenges and opportunities for self-propelled nanomotors. *Nano Today* **2018,** 19, 11-15.
- Günther, J.-P.; Börsch, M.; Fischer, P., Diffusion measurements of swimming enzymes with fluorescence correlation spectroscopy. *Accounts of Chemical Research* **2018,** 51 (9), 1911-1920.

2)Janus 马达：

- Jurado-Sánchez, B.; Pacheco, M.; Maria-Hormigos, R.; Escarpa, A., Perspectives on Janus micromotors: materials and applications. *Applied Materials Today* **2017,** 9, 407-418.
- Pourrahimi, A. M.; Pumera, M., Multifunctional and self-propelled spherical Janus nano/micromotors: recent advances. *Nanoscale* **2018,** 10 (35), 16398-16415.

3) 自组装马达：

- Hu, N.; Sun, M.; Lin, X.; Gao, C.; Zhang, B.; Zheng, C.; Xie, H.; He, Q., Self-propelled rolled-up polyelectrolyte multilayer microrockets. *Advanced Functional Materials* **2018,** 28 (25), 1705684
- Men, Y.; Peng, F.; Wilson, D., Micro/nanomotors via self-assemble. *Science Letters Journal* **2015,** 5, 219
- Lin, X.; Wu, Z.; Wu, Y.; Xuan, M.; He, Q., Self-propelled micro-/Nanomotors

based on controlled assembled architectures. *Advanced Materials* **2015,** 28 (6), 1060-1072.

- Niu, R.; Palberg, T., Modular approach to microswimming. *Soft Matter* **2018,** 14 (37), 7554-7568
- Ortiz-Rivera, I.; Mathesh, M.; Wilson, D. A., A supramolecular approach to nanoscale motion: polymersome-based self-propelled nanomotors. *Accounts of Chemical Research* **2018,** 51 (9), 1891-1900.

4) 管状马达：

- Xu, B.; Zhang, B.; Wang, L.; Huang, G.; Mei, Y., Tubular micro/nanomachines: from the basics to recent advances. *Advanced Functional Materials* **2018,** 28 (25), 1705872.
- Borui, X.; Yongfeng, M., Tubular micro/nanoengines: boost motility in a tiny world. *Science Bulletin* **2017,** 62 (8), 525.
- Li, J. X.; Rozen, I.; Wang, J., Rocket science at the nanoscale. *ACS Nano* **2016,** 10 (6), 5619-5634.

5) 基于微管束的马达：

- Hess, H.; Ross, J. L., Non-equilibrium assembly of microtubules: from molecules to autonomous chemical robots. *Chemical Society Reviews* **2017,** 46 (18), 5570-5587.

6) 胶囊马达：

- Degen, P., Self-propelling capsules as artificial microswimmers. *Current Opinion in Colloid & Interface Science* **2014,** 19 (6), 611-619.

7) 细胞膜包覆的马达：

- Esteban-Fernández de Ávila, B.; Gao, W.; Karshalev, E.; Zhang, L.; Wang, J., Cell-like micromotors. *Accounts of Chemical Research* **2018,** 51 (9), 1901-1910.

5. 微纳米机器的其他问题

1) 制备：

- Wang, H.; Pumera, M., Fabrication of micro/nanoscale motors. *Chemical*

Reviews **2015,** 115 (16), 8704-8735.

- Parmar, J.; Ma, X.; Katuri, J.; Simmchen, J.; Stanton, M. M.; Trichet-Paredes, C.; Soler, L.; Sanchez, S. J. S., Nano and micro architectures for self-propelled motors. *Science and Technology of Advanced Materials* **2015,** 16 (1), 014802.

2) 群体行为：

- Lin, Z.; Gao, C.; Chen, M.; Lin, X.; He, Q., Collective motion and dynamic self-assembly of colloid motors. *Current Opinion in Colloid & Interface Science* **2018,** 35, 51-58.
- Liu, C.; Xu, T.; Xu, L.-P.; Zhang, X., Controllable swarming and assembly of micro/nanomachines. *Micromachines* **2018,** 9 (1), 10.
- Zöttl, A.; Stark, H., Emergent behavior in active colloids. *Journal of Physics Condensed Matter An Institute of Physics Journal* **2016,** 28 (25), 253001.
- Bialké, J.; Speck, T.; Löwen, H., Active colloidal suspensions: clustering and phase behavior. *Journal of Non-Crystalline Solids* **2015,** 407, 367-375.
- Aranson, I. S., Collective behavior in out-of-equilibrium colloidal suspensions. *Comptes Rendus Physique* **2013,** 14 (6), 518-527.
- Zhang, J.; Luijten, E.; Grzybowski, B. A.; Granick, S., Active colloids with collective mobility status and research opportunities. *Chemical Society Reviews* **2017,** 46 (18), 5551.
- Holger Stark, Artificial chemotaxis of self-phoretic active colloids: collective behavior. *Acc. Chem. Res.* **2018**, 51(11), 2681–2688. DOI: 10.1021/acs.accounts.8b00259.

3) 马达与非线性科学：

- Suematsu, N. J.; Nakata, S., Evolution of self-propelled objects: from the viewpoint of nonlinear science. *Chemistry – A European Journal* **2018,** 24 (24), 6308-6324.

4) 马达在复杂 (限域) 环境中：

- Fei, W.; Gu, Y.; Bishop, K. J. M., Active colloidal particles at fluid-fluid interfaces. *Current Opinion in Colloid & Interface Science* **2017,** 32, 57-68.
- Patteson, A. E.; Gopinath, A.; Arratia, P. E., Active colloids in complex fluids.

Current Opinion in Colloid & Interface Science **2016,** 21, 86-96.

- Bechinger, C.; Leonardo, R. D.; Löwen, H.; Reichhardt, C.; Volpe, G.; Volpe, G., Active particles in complex and crowded environments. *Reviews of Modern Physics* **2016,** 88 (4).
- Katuri, J.; Seo, K. D.; Kim, D. S.; Sánchez, S., Artificial micro-swimmers in simulated natural environments. *Lab on a Chip* **2016,** 16 (7), 1101-1105.

5) 运动控制：

- Tu, Y.; Peng, F.; Wilson, D. A., Motion manipulation of micro- and nanomotors. *Advanced Materials* **2017,** 29 (39), 1701970.
- Teo, W. Z.; Pumera, M., Motion control of micro-/nanomotors. *Chemistry* **2016,** 22 (42), 14796-14804.
- Ebbens, S. J.; Gregory, D. A., Catalytic Janus colloids: controlling trajectories of chemical microswimmers. *Accounts of Chemical Research* **2018**, DOI: 10.1021/acs.accounts.8b00243.

6) 电化学相关：

- Moo, J. G. S.; Mayorga-Martinez, C. C.; Hong, W.; Khezri, B.; Wei, Z. T.; Pumera, M., Nano/microrobots meet electrochemistry. *Advanced Functional Materials* **2017,** 27 (12), 1604759.

7) 微流体相关：

- Maria-Hormigos, R.; Jurado-Sanchez, B.; Escarpa, A., Labs-on-a-chip meets self-propelled micromotors. *Lab on A Chip* **2016,** 16 (13), 2397

8) chemotaxis 相关：

- Agudo-Canalejo, J.; Adeleke-Larodo, T.; Illien, P.; Golestanian, R., Enhanced diffusion and chemotaxis at the nanoscale. *Accounts of Chemical Research* **2018,** DOI: 10.1021/acs.accounts.8b00280.
- You, M.; Chen, C.; Xu, L.; Guan, J., Intelligent micro/annomotors with taxis. *Acc. Chem. Res.* DOI:10.1021/acs.accounts.8b00291.

9) Micropump 相关：

- Oleg E. Shklyaev, Henry Shum, and Anna C. Balazs, Using chemical pumps and motors to design flows for directed particle assembly. *Acc. Chem. Res.*

2018, 51(11), 2672-2680.

- Zhou, C.; Zhang, H.; Li, Z.; Wang, W., Chemistry pumps: a review of chemically powered micropumps. *Lab on a Chip* **2016**, 16(10), 1797-1811.

6. 分子机器

- Sim, S.; Aida, T., Swallowing a surgeon: toward clinical nanorobots. *Accounts of Chemical Research* **2017,** 50 (3), 492.
- Merindol, R.; Walther, A., Materials learning from life: concepts for active, adaptive and autonomous molecular systems. *Chemical Society Reviews* **2017,** 46 (18), 5588-5619.
- Abendroth, J. M.; Bushuyev, O. S.; Weiss, P. S.; Barrett, C. J., Controlling motion at the nanoscale: rise of the molecular machines. *ACS Nano* **2015,** 9 (8), 7746-7768.
- Hagiya, M.; Konagaya, A.; Kobayashi, S.; Saito, H.; Murata, S., Molecular robots with sensors and intelligence. *Accounts of Chemical Research* **2014,** 47 (6), 1681-90.